国家出版基金项目
NATIONAL PUBLICATION FOUNDATION

中华传统食材丛书

总主编 魏兆军 陈寿宏

淡水鱼卷

主编 廖步岩 胡飞
编委 冯靖宇 梁艳翠

合肥工業大學出版社

图书在版编目（CIP）数据

中华传统食材丛书.淡水鱼卷/廖步岩，胡飞主编.—合肥：合肥工业大学出版社，2022.8

ISBN 978-7-5650-5324-5

Ⅰ.①中… Ⅱ.①廖… ②胡… Ⅲ.①烹饪—原料—介绍—中国 Ⅳ.①TS972.111

中国版本图书馆CIP数据核字（2022）第157767号

中华传统食材丛书·淡水鱼卷

ZHONGHUA CHUANTONG SHICAI CONGSHU DANSHUIYU JUAN

廖步岩　胡　飞　主编

项目负责人 王　磊　陆向军
责 任 编 辑 许璘琳
责 任 印 制 程玉平　张　芹
出　　　版 合肥工业大学出版社
地　　　址 （230009）合肥市屯溪路193号
网　　　址 www.hfutpress.com.cn
电　　　话 基础与职业教育出版中心：0551-62903120
营销与储运管理中心：0551-62903198
开　　　本 710毫米×1010毫米　1/16
印　　　张 15　**字　数** 208千字
版　　　次 2022年8月第1版
印　　　次 2022年8月第1次印刷
印　　　刷 安徽联众印刷有限公司
发　　　行 全国新华书店
书　　　号 ISBN 978-7-5650-5324-5
定　　　价 135.00元

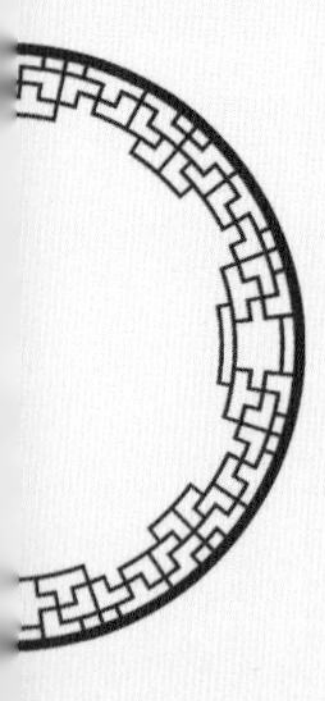

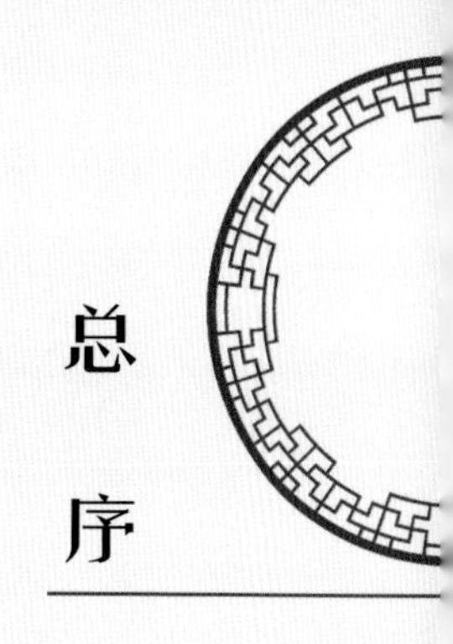

总序

健康是促进人类全面发展的必然要求，《“健康中国2030”规划纲要》中提出，实现国民健康长寿，是国家富强、民族振兴的重要标志，也是全国各族人民的共同愿望。世界卫生组织（WHO）评估表明膳食营养因素对健康的作用大于医疗因素。“民以食为天”，当前，为了满足人民日益增长的美好生活的需求，对食品的美味、营养、健康、方便提出了更高的要求。

中国传统饮食文化博大精深。从上古时期的充饥果腹，到如今的五味调和；从简单的填塞入口，到复杂的品味尝鲜；从简陋的捧土为皿，到精美的餐具食器；从烟火街巷的夜市小吃，到钟鸣鼎食的珍馐奇馔；从“下火上水即为烹饪”，到“拌、腌、卤、炒、熘、烧、焖、蒸、烤、煎、炸、炖、煮、煲、烩”十五种技法以及“鲁、川、粤、徽、浙、闽、苏、湘”八大菜系的选材、配方和技艺，在浩渺的时空中穿梭、演变、再生，形成了绵长而丰富的中华传统饮食文化。中华传统食品既要传承又要创新，在传承的基础上创新，在创新的基础上发展，实现未来食品的多元化和可持续发展。

中华传统饮食文化体现了“大食物观”的核心——食材多元化，肉、蛋、禽、奶、鱼、菜、果、菌、茶等是食物；酒也是食物。中国人讲究“靠山吃山、靠海吃海”，这不仅是一种因地制宜的变通，更是顺应自然的中国式生存之道。中华大地幅员辽阔、地大物博，拥有世界上最多样的地理环境，高原、山林、湖泊、海岸，这种巨大的地理跨度形成了丰富的物种库，潜在食物资源位居世界前列。

“中华传统食材丛书”定位科普性，注重中华传统食材的科学性和文化性。丛书共分为30卷，分别为《药食同源卷》《主粮卷》《杂粮卷》《油脂卷》《蔬菜卷》《野菜卷（上册）》《野菜卷（下册）》《瓜茄卷》《豆荚芽菜卷》《籽实卷》《热带水果卷》《温寒带水果卷》《野果卷》《干坚果卷》《菌藻卷》《参草卷》《滋补卷》《花卉卷》《蛋乳卷》《海洋鱼卷》《淡水鱼卷》《虾蟹卷》《软体动物卷》《昆虫卷》《家禽卷》《家畜卷》《茶叶卷》《酒品卷》《调味品卷》《传统食品添加剂卷》。丛书共收录了食材类目944种，历代食材相关诗歌、谚语、民谣900多首，传说故事或延伸阅读900余则，相关图片近3000幅。丛书的编者团队汇聚了来自食品科学、营养学、中药学、动物学、植物学、农学、文学等多个学科的学者专家。每种食材从物种本源、营养及成分、食材功能、烹饪与加工、食用注意、传说故事或延伸阅读等诸多方面进行介绍。编者团队耗时多年，参阅大量经、史、医书、药典、农书、文学作品等，记录了大量尚未见经传、流散于民间的诗歌、谚语、歌谣、楹联、传说故事等。丛书在文献资料整理、文化创作等方面具有高度的创新性、思想性和学术性，并具有重要的社会价值、文化价值、科学价

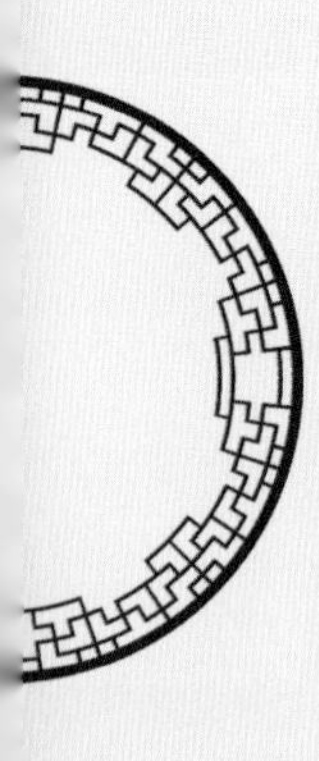

值和出版价值。

对中华传统食材的传承和创新是该丛书的重要特点。一方面，丛书对中国传统食材及文化进行了系统、全面、细致的收集、总结和宣传；另一方面，在传承的基础上，注重食材的营养、加工等方面的科学知识的宣传。相信“中华传统食材丛书”的出版发行，将对实现“健康中国”的战略目标具有重要的推动作用；为实现“大食物观”的多元化食材和扩展食物来源提供参考；同时，也必将进一步坚定中华民族的文化自信，推动社会主义文化的繁荣兴盛。

人间烟火气，最抚凡人心。开卷有益，让米面粮油、畜禽肉蛋、陆海水产、蔬菜瓜果、花卉菌藻携豆乳、茶酒醋调等中华传统食材一起来保障人民的健康！

中国工程院院士

2022年8月

序

淡水鱼是指在淡水中生存的鱼类的统称。广义地说，能生活在盐度为千分之三的淡水中的鱼类就可称为淡水鱼。狭义地说，指在其生长过程中部分阶段如只有幼鱼期或成鱼期，或是全部阶段都必须在淡水水域中度过的鱼类。世界上已知鱼类约有26000多种，淡水鱼约有8600余种。我国现有鱼类近3000种，其中淡水鱼有1000余种。

淡水鱼的分布很广，生存性较强，广泛存在于野外的江河湖泊，或者在小溪、池塘及水库中。而我国的长江、黄河、洞庭湖、鄱阳湖、巢湖等一些大江大河或者湖泊都是鱼类大量聚集的水域。此外，如今淡水鱼多为观赏或食用鱼类，特别是我国从二十世纪五六十年代从世界其他国家引进一些品质优良的淡水鱼品种，很大程度上丰富了我国淡水鱼品种，满足人们日常食用、观赏的需要，所以，目前在水产品市场、水族馆里可以见到很多种类的淡水鱼。但同时，随着生态环境的改变，加上人们过度捕捞，使得许多淡水鱼种群数量锐减，许多鱼类濒临灭绝，所以在开发淡水鱼资源的同时，更要保护好现有鱼类的生存环境。目前我国对于淡水鱼资源保护严格，本书撰写时对于鱼类的选择也有所考虑。

淡水鱼富含人体所需的各种营养成分，对人体健康和智力发展非常有利，淡水鱼肉中蛋白质含量丰富，富含人体必需的各种氨基酸。特别是人体需要量较大的亮氨酸和赖氨酸含量很高。鱼类肉质中，肌纤维比较短，水分含量较多，脂肪含量较少，肉质细嫩，更利于人体消化吸收。鱼类脂肪多由不饱和脂肪酸组成，具有降低血脂、防止血栓形成的作用，非常适合老年人食用。鱼肉中还富含维生素及矿物质，是维生素和矿物质的良好食物来源。

本卷采取条目式撰写体例。综合考虑淡水鱼的基本大类区划，筛选了36种国家允许可食用的人工饲养鱼类进行编写，分别是青鱼、鲤鱼、鲫鱼、白鱼、草鱼、鲢鱼、鳊鱼、油鱼、马口鱼、鲮鱼、鳑鲏鱼、鲃鱼、鲦鱼、鲩鱼、鳡鱼、鳙鱼、泥鳅、湟鱼、鲈鱼、乌鱼、鳜鱼、梭鱼、鲶鱼、塘虱鱼、黄颡鱼、鲟鱼、鳇鱼、鳟鱼、鲑鱼、鲥鱼、刀鲚鱼、银鱼、鳝鱼、鱵鱼、鮠鱼、鳗鲡。基本涵盖了我国比较常见的淡水鱼类。部分传统可食用淡水鱼类由于过度捕捞已被国家列入禁止捕捞的保护目录，因此不在本书条目之列。对于所选鱼类，本书从食材基本特性、营养及成分、食材功能、烹饪与加工、食用注意、传说故事等方面具体阐述，适当配以图片。本卷编写目的是为青少年和鱼类爱好者科学普及鱼类知识，以及为人们在日常生活中了解淡水鱼的来源、营养保健价值和食用方法提供参考依据。

江南大学夏文水教授审阅了本书，并提出宝贵的修改意见，在此表示衷心的感谢。在本卷编写过程中，冯靖宇同学提供部分精美照片并参与编写工作，在此一并致谢。

限于作者水平，错误和不当之处难免，敬请读者批评指正！

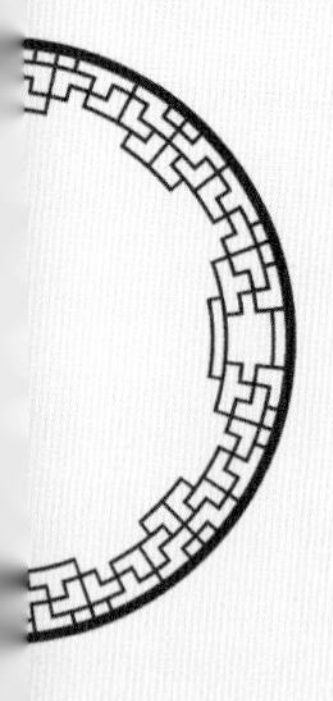

廖步岩

2022年2月19日

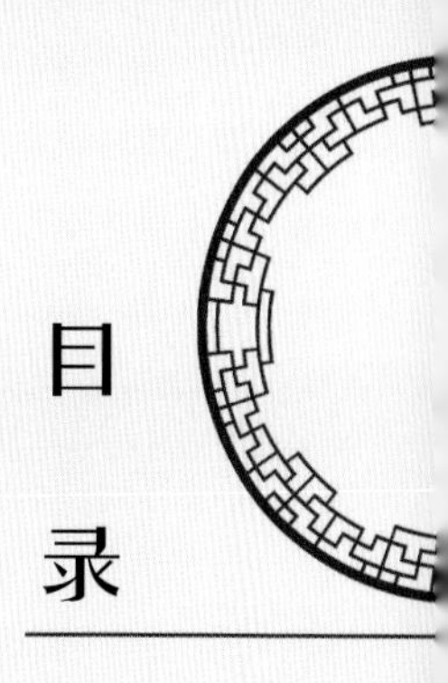

目录

青鱼

冬夜伤离在五溪，青鱼雪落鲙橙齑。
武冈前路看斜月，片片舟中云向西。

——《送程六》（唐）王昌龄

一、食材基本特性

拉丁文名称，种属名

青鱼（*Mylopharyngodon piceus*），又名鲭、乌鲻、青鲩、乌青、螺蛳青、青樟等。青鱼是鲤形目鲤科青鱼属鱼类。

形态特征

青鱼身体较长，一般为圆筒形，腹部平圆，无腹棱，尾部稍侧扁。头宽平，口端位，无须，咽头齿臼齿状，吻钝。鱼体大多为青灰色，背部比腹部颜色深，腹部呈灰白色，鳍为黑色，鱼胆有毒。

青　鱼

习性，生长环境

青鱼生活区域为水域的中下层，幼鱼食物主要为浮游生物，待生长到体长14厘米以上时，食物由浮游生物转为体型较小的河螺，4～5龄性成熟，成熟后主要食物为河螺、扁螺、蚬子，也吃蚌等底栖动物。青鱼有牙齿，牙齿位于口腔的咽部，也叫咽齿，青鱼又被人们叫作螺蛳青。进食方式：将蚌、蚬、螺等吞入口中之后，用粗壮的咽喉轧碎它们的硬壳，再把肉与壳一同吐出，在水中拣吃漂浮的螺肉、蚌肉。春、夏、秋季时青鱼食欲旺盛，特别是秋天，青鱼食欲最为旺盛。

青鱼的分布较广，南到珠江流域，北到黑龙江流域及辽河水系，其中长江流域是其主要活动区域。长江流域自然水域数量多，人工繁殖和饲养青鱼量大，其产量占全国各大水系的90%以上，以湖南、湖北、江西、安徽、江苏、上海、浙江等省市饲养最多。青鱼也是人们休闲娱乐和垂钓理想的鱼种。青鱼属肉食性鱼类，但在人工养鱼场中，青鱼以人工投放的颗粒性植物饵料为主，麸皮、糠粉、熟红薯、豆粉、米粒、青草也是青鱼的饵料；青鱼长大后，人们多以蚕蛹、玉米、豆饼、豆渣、醪糟喂养。

二、营养及成分

青鱼含有大量热量及蛋白质、脂肪等营养物质。每100克青鱼的部分营养成分见下表所列。

蛋白质	20.1克
脂肪	4.2克
钾	325毫克
磷	184毫克
胆固醇	108毫克
钠	47.4毫克
镁	32毫克
钙	31毫克
烟酸	2.9毫克
锌	1毫克
铁	0.9毫克
维生素E	0.8毫克
维生素B_2	0.1毫克
铜	0.1毫克

三、食材功能

性味 味甘，性平。

归经 归肝经。

功能

（1）化湿除痹，益气和中。

（2）青鱼肉核酸含量丰富，另含有硒、碘等微量元素，有抗衰老作用。含B族维生素，对糖、脂肪和蛋白质的代谢有促进作用，可以提高人体造血能力，帮助消化和吸收，促进肝脏的解毒能力，有效缓解身体的压力；能够缓解疲劳，可使人精力充沛，对于神经系统的正常工作有维持功效；能够提供身体所需要的多种营养物质，能有效预防动脉血管粥样硬化，减少冠状动脉粥样硬化斑块的产生。

四、烹饪与加工

青鱼粳米粥

（1）材料：青鱼适量，粳米少许，葱姜适量，花生油、芝麻油、盐、味精等。

（2）做法：将粳米洗净用清水浸泡半小时，青鱼肉切成大片，放入盐、味精和少许油拌匀腌一会；锅中水烧开放入粳米，再烧开后小火煮至米烂；米烂后加入少许盐和味精调味，然后加入葱姜末拌匀；接着放入鱼片快速搅散，加入少许芝麻油，出锅前加少许葱末关火即可。（煮粥的时候还可以加入一些西芹末、芥蓝末等蔬菜，营养会更丰富）

豆瓣青鱼

（1）材料：青鱼400克，食用油、豆瓣酱、蒜、葱、姜、醋、盐、白糖等。

豆瓣青鱼

（2）做法：青鱼的头去掉不要，去内脏，洗净，擦干表面的水分；姜切片、葱切段、蒜用刀背拍松；在锅中倒入适量的油，这里油要多倒一些，油热后将青鱼放进去，两面都要煎一下；然后将鱼放在锅的一边，将豆瓣酱放在空出来的地方炒香；将炒好的豆瓣酱均匀地裹在青鱼身上煎一会；放入葱姜蒜，加入白糖、醋、少许盐；加入适量的清水炖，炖到汤汁浓稠后即可关火出锅。

油泼青鱼

（1）材料：青鱼350克，豌豆、香菇等适量，盐、料酒、胡椒粉、葱、植物油、糖、鸡精、蚝油、姜等。

（2）做法：将青鱼去鳞切段，清洗干净，横切几刀，再用适量的盐腌制一会；香菇提前用水泡发，泡发好后，洗净切丁，与洗干净的豌豆一起煮熟，并加入少许的盐和鸡精调味盛出待用；将腌好的青鱼漂洗，加入盐、料酒、姜片，隔水蒸12分钟左右；时间到后，关火再焖3分钟，把蒸鱼的水倒掉，姜片去掉；把蚝油放入小碗，加适量的糖、料酒、鸡精、胡椒粉、姜末，一点凉开水，搅拌均匀成调味汁；将调味汁浇在鱼上，放入香菇丁和豌豆，撒上葱花；在炒锅中放入油烧热，直到油冒烟后将热油浇在鱼上即可。

五、食用注意

（1）青鱼一般人都可以吃。消化能力较弱的人群不宜吃太多，容易导致消化不良。蛋白质过敏者也不宜食用。

（2）吃青鱼时不要吃李子，也不能用牛、羊油煎炸。青鱼不宜和白术、苍术一起食用。青鱼的胆汁有毒，不能吃，否则会出现恶心、呕吐、腹痛等中毒现象。

名菜“五侯鲭”的传说

“五侯鲭”是我国汉代的名菜。五侯指汉成帝母舅王谭、王根、王立、王商、王逢时等人，因他五人同日封侯，故称“五侯”，“鲭”即青鱼也。

据《西京杂记》载：王氏五人，同日封侯，他们之间各有矛盾，宾客不得往来。后有一个叫娄护的官吏，备了丰盛的酒菜，依次在“五侯”之间传食，进行调解，由此而博得“五侯”的欢心，“五侯”为感谢他一片诚意各自置备佳肴美馔回赠。娄护品尝了他们的佳肴后，集五家之长，融会贯通，烹制出一道美味珍肴，世称“五侯鲭”。

五侯鲭现为陕西名菜，它为一种“大杂烩”；原料包括各类鱼、肉、鸡等，用文火爆制而成，味道鲜美。

不是简单的“糖醋青鱼”！

苏轼有诗为证：“今君坐致五侯鲭，尽是猩唇与熊白。”

鲤鱼

神龙原自异凡鱼，潴泽还知不久居。
平地雷轰头角露，滔天浪浴甲鳞舒。
应夸鳌海都量遍，漫道龙门不可逾。
试问锦标刚一跃，陡成霖雨足沾濡。

——《题陈生鲤鱼图》（南宋）赵必成

一、食材基本特性

拉丁文名称，种属名

鲤鱼（*Cyprinus carpio*），又名鲤拐子、鲤子、毛子、红鱼等。鲤鱼是鲤形目鲤科鲤属鱼类。

形态特征

鲤鱼身体侧扁而腹部较圆润，鱼身一般呈纺锤状。鲤鱼口部呈马蹄形，长有两对鱼须。眼较小，位于头部纵轴的上方，鱼鳞较大，呈十字状，有一道肋鳞从头至尾贯穿全身。背鳍、臀鳍有硬刺，最后一根刺的后缘有锯齿。尾鳍下叶多呈红色，背鳍根部较长，不生脂鳍。咽喉的深处具有咽喉齿，可用来磨碎食物。鲤鱼的种类较多，约有2800种。鲤鱼平均长度约35厘米，但最大长度可超过100厘米。

鲤　鱼

习性，生长环境

鲤鱼原产于亚洲，温带淡水鱼，生活在平原上的温暖湖泊，或流速缓慢的江河里，尤其喜栖于水草较茂盛的浅层水底。除大洋洲和南美洲外都有分布，中国和日本将其当作观赏鱼或食用鱼的历史悠久，在德国

等欧洲国家被作为食用鱼养殖。不同品种的鲤鱼生活于不同水域环境中。

二、营养及成分

鲤鱼肉含有热量及蛋白质、脂肪、碳水化合物等营养物质。每100克鲤鱼的部分营养成分见下表所列。

蛋白质	17.6克
脂肪	4.1克
碳水化合物	0.5克
钾	334毫克
磷	204毫克
胆固醇	84毫克
钠	53.7毫克
钙	50毫克
镁	33毫克
烟酸	2.7毫克
锌	2.1毫克
维生素E	1.3毫克
铁	1毫克
维生素B_2	0.1毫克
铜	0.1毫克
锰	0.1毫克

三、食材功能

性味 味甘，性平。

归经 归脾经，肺经，肾经。

功能

（1）补脾健胃、利水消肿、通乳、清热解毒、止嗽下气，对各种水肿、浮肿、腹胀、少尿、黄疸、乳汁不通皆有益。

（2）明目，鲤鱼肉及鱼眼部含有较为丰富的维生素A，因此，多食鲤鱼对于明目的效果特别好。

（3）鲤鱼肉的脂肪不饱和脂肪酸占比较高，对于降低胆固醇有良好的功效，可以有效防治动脉硬化、冠心病。

（4）传统中医理论认为，鲤鱼各部位均可入药。鲤鱼皮可用于治疗鱼梗；鲤鱼血可用于治疗口眼歪斜；鲤鱼汤可用于治疗小儿身疮；用鲤鱼治疗怀孕妇女的浮肿、胎动不安有特别疗效。

（5）鲤鱼对肝硬化形成的腹水、浮肿，慢性肾炎形成的水肿均有利水消肿的良好效果，适用于肾炎性水肿、黄疸型肝炎、肝硬化形成的腹水、心脏性水肿、营养不良性水肿、脚气浮肿、咳喘等；还适用于妇女妊娠水肿、胎动不安、产后乳汁不足。

四、烹饪与加工

板栗煨鲤鱼

（1）材料：鲤鱼1条（约1000克），板栗350克，茯苓10克，葱段、姜片、大蒜、精盐、酱油、红糖、食用油等。

（2）做法：将鲤鱼宰杀、去鳞及洗净内脏，两边各切4刀；板栗切一小口，入沸水中煮透，剥去外壳及种皮；茯苓洗净；鲤鱼用葱段等调料腌20分钟，再将大蒜、姜片、葱段塞入鱼腹内；油入锅烧至七成热，放入鲤鱼炸至微黄色捞出，再将板栗肉炸2分钟；锅内注入600毫升清水，水沸时放入鱼及板栗，用文火煨煮至板栗熟时，放入味精、盐、红糖，收汁装盘，佐餐食用。

小蒜鲤鱼

（1）材料：鲤鱼1条，小蒜30克，食用油、葱、姜、食盐、味精等。

（2）做法：鲤鱼去鳞、鳃及肚肠，洗净后，晾干过油，煎至微黄，倒出鱼油，加入葱、姜、蒜等调料，兑水至与鲤鱼平，加入小蒜同煮；微火煮20分钟后，加入适量食盐、味精调味即可。

小蒜鲤鱼

鲤鱼羹

（1）材料：鲤鱼1条，葱、姜、食盐、味精、醋等。

（2）做法：鲤鱼去头、骨、内脏、鳞后洗净，切块，加水适量；再加醋（较日常用量多）及葱、姜等调料共煮约1小时即可。

五、食用注意

（1）鲤鱼胆汁有毒，一定要把它的胆完整地取出，不能让胆汁遗留在鱼肉上面，不论是生吃还是熟吃，它对人体都是有一定伤害的，容易引发胃肠不适或者脑水肿，严重时还有可能致人死亡。

（2）食用鲤鱼要把腥筋抽掉，不然做出的鲤鱼腥味很重。

（3）患有恶性肿瘤、淋巴结核肿大、红斑狼疮、哮喘、小儿腮腺炎、血栓闭塞性脉管炎等疾病的人不宜吃鲤鱼。

金理姑娘变“金鲤”的传说

鲤鱼在闽南叫“代”仔鱼。

传说很久以前，漳州有个姓金名理的姑娘，父母双亡，从小跟伯父母在一起生活。他们住的这个村有一口井，井下有个琥珀泉，金理长期饮用这口井水，长大到18岁时，别提多漂亮啦！她不仅有倾国倾城之貌，还心灵手巧，粗细活都会，更有一手绝技，描绘出的鱼仿佛放入水中会游，左邻右舍，谁有困难她就帮助谁；日子一久，人们都对她很亲切，年老的叫她“代”孙女，年轻一点的叫她“代”侄女，与她同辈的叫她“代”妹、“代”姐，再小的称她“代”姑姑、“代”姨。

却说在本地有个柳财主，有万贯家产，在泉边购置了不少田地。有一次他去收租，看到金理美貌无比，就垂涎三尺，决心把姑娘娶到手。他先是找王婆提亲，不成便定下毒计，把姑娘骗到他家，趁金理不注意，双手搂住金理欲使强暴。金理拼命挣扎，急中生智，抓起剪刀刺中财主手臂，趁势逃脱。财主包扎伤口后，领着一群奴仆紧紧追赶过来，金理逃到九龙江边时，她见来人已从三面包抄过来，眼看逃不脱，只好跳入江中。柳财主在江边待了一会，料定金理必死无疑，才招呼奴仆回去。说来奇怪，金理投身江中后，多日并不见其尸体，江中却出现了一种金色的鱼，人们说这种鱼是金理变的，就叫“金鲤”鱼吧，又叫“代”仔鱼。

金理变成鲤鱼后，仍保持做好事的优良本性。用它的身体入药救人，药味甘、性平，能治水肿、腹胀、气喘。民间每遇重症水肿或腹水病人，用鲤鱼和赤小豆煮汤治疗，均获显效。

鲫鱼

天池鲫鱼长一尺，鳞光鬣动杨枝磔。
西城隐吏江东客，昼日驰来夺炎赫。

——《戏酬高员外鲫鱼》
（北宋）梅尧臣

一、食材基本特性

拉丁文名称，种属名

鲫鱼（*Carassius auratus*），又名鲫瓜子、月鲫仔、土鲫鱼、细头鱼、鲋鱼、寒鲋鱼等。鲫鱼是鲤形目鲤科鲫属鱼类。

形态特征

鲫鱼背面常呈灰黑色，腹部一般呈银灰色，鱼鳍灰白，因其生长水域有差别，其体色会有深浅差异。鲫鱼体呈梭形，表面常有黏液。鲫鱼一般体长14~25厘米。鱼体较厚，两侧扁而高，腹部圆润。鱼头短而小，吻钝，无鱼须。鳃耙较长。鱼嘴内有一行下咽齿。鳞片扁而较大。背鳍、臀鳍第3根硬刺硬度较大，后缘有锯齿。胸鳍末端可达腹鳍起点。尾鳍呈深叉形。

习性，生长环境

野生鲫鱼分布范围十分广泛，全国各地淡水水域都可以看到它的身影。从珠江三角洲、西南的云贵到江淮流域、西北的新疆、东北的黑龙江，都有鲫鱼的分布。鲫鱼在江河水域、溪流水域、水库、池塘以及清水、浊水、深水、浅水、静水等水域都可以生存。

鲫　鱼

二、营养及成分

鲫鱼肉含有热量及蛋白质、碳水化合物、脂肪等营养物质。每100克鲫鱼的主要营养成分见下表所列。

蛋白质	17.3克
碳水化合物	3.7克
脂肪	2.9克
钾	289毫克
磷	191毫克
胆固醇	132毫克
钙	77毫克
镁	43毫克
钠	41毫克
烟酸	2.4毫克
锌	1.9毫克
铁	1.3毫克
维生素E	0.1毫克
铜	0.1毫克
锰	0.1毫克
维生素B_1	0.1毫克

三、食材功能

性味 味甘，性平。

归经 归脾经、胃经、大肠经。

功能

（1）鲫鱼具有利尿消肿，益气健脾，清热解毒，通脉下乳的功效。

（2）鲫鱼鳞可熬制成鱼鳞膏，散血止血，可以用来治疗妇人血崩、血友病以及其他出血症状。

（3）鲫鱼头性温，煅烧后研末，可治疗痢疾、咳嗽、脱肛、子宫脱垂等疾病。

（4）鲫鱼胆味苦性寒，可清肝热、明眼目、杀虫止痒，涂疮也有比较好的效果。

（5）鲫鱼体内所含的蛋白质成分较高，易于人体消化吸收，对于肝肾疾病、心脑血管疾病患者来说是良好的蛋白质来源，可增强抗病能力；肝炎、肾炎、高血压、心脏病、慢性支气管炎等疾病患者经常食用，可提高自身免疫力。

四、烹饪与加工

清炖鲫鱼

（1）材料：鲫鱼、生姜、橘皮、胡椒、吴茱萸、料酒、食用盐、小葱等。

（2）做法：鲫鱼洗净，生姜洗净切片备用；将生姜和橘皮、胡椒、吴茱萸用纱布包扎在一起后将药包塞入鱼腹内；加入料酒、食用盐、小

清炖鲫鱼

葱和清水适量，隔水炖30分钟；取出药包，调味即可。

天麻鲫鱼

（1）材料：鲫鱼、川芎、茯苓、天麻、姜、葱等。

（2）做法：把川芎、茯苓、天麻放入洗米水中浸泡6小时，弃去茯苓、川芎，只留天麻，然后蒸熟将天麻切片；鲫鱼洗净后将天麻片置于鱼腹，加入姜、葱、清水，蒸30分钟；按个人口味调味调汁，浇于鱼上即可食用。

茶叶蒸鲫鱼

（1）材料：鲫鱼、茶叶、植物油、食用盐、料酒、白酒等。

（2）做法：洗净鲫鱼，鱼鳞保留，挑选品质较好的茶叶用纱布包好置于鱼腹中后置于锅中，加入植物油、食用盐、料酒或白酒后蒸熟，佐餐食用。

五、食用注意

（1）鲫鱼肉中含有较高的嘌呤，痛风患者特别是处于急性发作期的痛风患者，以及对于嘌呤的摄入量有严格限制的患者（一般在150毫克以内），不宜食用鲫鱼。

（2）患有泌尿系统结石的患者也不宜过多进食鲫鱼，因为鲫鱼肉中的嘌呤与结石形成有关。

（3）鲫鱼肉富含钾，对于急性肾衰竭患者来说也不建议食用，可能会增加肾脏负担。在肝脏疾病的急性期，病人每天的蛋白质摄入量应控制在25克以内，鲫鱼富含蛋白质，因此，不宜过多进食鲫鱼。

（4）鲫鱼中富含的二十碳五烯酸（EPA）具有抑制血小板凝聚、抗血栓等作用。过敏性紫癜、维生素C缺乏症、血友病等出血性疾病由于止血机制异常，身体不同部位会有出血，患者也不宜吃鲫鱼。

荞麦鲫鱼治病痛

一天，李时珍要去雨湖对岸的乡间行医，他要经过一条小河，可是河上的木板桥却被洪水冲垮了。正当李时珍担心过不了河的时候，一个壮实的年轻人走过来将他背过河。

过河后，李时珍对年轻人说："太感谢你了，不过，在你背我过河的时候，我给你切了一下手脉，发现你筋骨有疾。现在给你一张药方，只要照方抓药，连服三剂，保你无事。"这年轻人听了，嘴里说："有劳李郎中，后生一定遵嘱照办。"心中却暗想：我的身子健得像头犟水牯，一点点筋骨痛值得什么大惊小怪的？等李时珍一走，他就把药方丢了。

半个月后，李时珍行医又来到这里，见河边附近的村里有人在哭泣，他就上前去打听。原来，背他过河的那个年轻人病倒在床，一家老小无法过活。经过询问，才知道这年轻人并没照他在河边说的办，小病不治，酿成了大病。他对年轻人说："你这是筋骨病，水边的人，常年风里来，雨里去，干一脚，湿一脚，十有八九的人轻重不同地患有这种病，严重了就会瘫痪，幸好你的病还可以诊治……"

一听说还可以治，左邻右舍的人就纷纷说道："李大夫，你就费心尽力给他诊治吧！"李时珍说："这雨湖鲫鱼就是一味好药。它背脊草青，鳃边金黄，尾鳍比一般鲫鱼还要多两根刺，有温中补虚的功效。用它煮金荞麦，然后吃鱼喝汤，保准不出三天，病人就能起床。"

雨湖鲫鱼好办，大家用卡子钓几尾就是了，可当时谁也不认识什么是金荞麦呀！李时珍又带人上山，挖回金荞麦，并教他们辨认。这法子果真灵验，那个年轻人的病很快就好了。"金荞麦煮鲫鱼，能治筋骨痛"，就这样代代相传下来了。

白鱼

淮白须将淮水煮，江南水煮正相违。
霜吹柳叶落都尽，鱼吃雪花方解肥。
醉卧糟丘名不恶，下来盐豉味全非。
饔人且莫供羊酪，更买银刀三尺围。

——《初食淮白》（南宋）
杨万里

一、食材基本特性

拉丁文名称，种属名

白鱼（*Anabarilius*），又名大白鱼、翘嘴白鱼等，为我国特有。白鱼是鲤形目鲤科鲌亚科白鱼属鱼类。

形态特征

白鱼身体较长，体侧较扁，头背面前端平直，头后背部隆起呈弧形，体背部近乎平直。鱼口上位，下颌上翘且厚，口裂方向与体长接近成垂直。眼大而圆，位于头部两侧偏下方。下咽齿末端成钩状。腹鳍基部至肛门有腹棱，背部有大而光滑的硬刺，尾鳍分叉，上叶稍短于下叶。鱼背通常为青灰色，鱼身两侧银白色，鱼鳍灰黑色。

白鱼生长快，个体大，最大个体可达10千克，其肉质呈白色，肉质细嫩，无腥味，味道鲜美，是我国传统的上等河鲜。

白　鱼

习性，生长环境

白鱼一般生活在大水体的中上层，游速快，善跳跃，食物主要以小鱼为主，鱼性凶猛。对于水体温度不敏感，0摄氏度至32摄氏度均可存活。性成熟年龄为雌性3龄、雄性2龄，每年秋季6—7月产卵，幼鱼喜栖水流较缓水域，尤其是湖泊近岸水域或河道、港湾沿岸。

白鱼在我国分布广泛，珠江、闽江、钱塘江、长江、黄河、辽河、黑龙江等流域均有白鱼生活。我国中部地区的长江干流、支流和附属湖泊是其主要生活区域，白鱼也是长江干支流下游和附属湖泊的优势种，属太湖主要经济鱼类之一，与“太湖三宝”合称“太湖四珍”。白鱼少刺多肉，味道鲜美，营养价值较高。

近些年随着养殖技术的进步已经有效地解决了白鱼的人工繁殖、苗种的培育和白鱼用颗粒饲料问题，已能进行大面积人工饲养。

二、营养及成分

白鱼肉含有蛋白质、脂肪等营养物质。每100克白鱼的部分营养成分见下表所列。

蛋白质	21.7克
脂肪	6克
糖类	4.3克
钾	365毫克
磷	193毫克
钠	48.4毫克
钙	26毫克
镁	16毫克
锌	1.1毫克
维生素E	0.3毫克
铁	0.5毫克
铜	0.1毫克
锰	0.1毫克

三、食材功能

性味 味甘，性平。

归经 归脾经、胃经。

功能

（1）益气开胃，去水气，强身健体，调整五脏，理十二经络。

（2）治肝气不足，使人耳聪目明、身轻，肌肤润泽，精力充沛，抗衰老，活血。

四、烹饪与加工

黄金白鱼

（1）材料：小白鱼、鱼卵、调味料、黄芥末酱、花生油等。

（2）做法：将小白鱼洗净沥干，冷藏保鲜备用。将新鲜鱼卵根据个人口味加入调味料及黄芥末酱，轻轻拌匀10～15分钟待其入味备用。将小白鱼和鱼卵拌匀油炸至黄金即可食用。

烟香白鱼

（1）材料：白鱼、食用盐、味精、鸡粉、料酒、姜汁、白糖、芥末等。

（2）做法：将白鱼洗净，鱼身两侧切十字花刀，用食用盐、味精、鸡粉、料酒、姜汁腌渍半小时后，大火蒸8分钟。起锅烧油至七成热时放入白糖、茶叶、大米猛火翻炒10分钟，待锅中冒烟后将鱼置于蒸笼内放入锅中加盖烟熏10分钟即可。将熏好的白鱼放入盘中加葱丝、椒丝点缀。

清蒸白鱼

（1）材料：白鱼、姜、食用盐、料酒、酱油、糖等。

（2）做法：将白鱼去除内脏洗净切段，鱼身切花刀，用少许姜、食用盐、料酒腌10~20分钟，起锅烧水，待水沸腾后隔水大火蒸8分钟，去除多余水分。用酱油、糖、纯水调汁，加热半分钟，淋入盘中。撒葱花点缀，烧热油淋即可。

清蒸白鱼

红烧白鱼豆腐

（1）材料：白鱼、冻豆腐、蚝油、老抽、料酒、米醋、食用盐、白砂糖、大蒜末等。

（2）做法：将白鱼洗净切大块儿，放盐腌制2小时。把冻豆腐切成小块儿。煎制腌好的白鱼，直至两面金黄，鱼就煎好了，盛入盘中。先调料汁，碗中放入蚝油、老抽、料酒、米醋、食用盐、白砂糖、大蒜末、适量清水，搅拌均匀；起锅烧油至8成热时放花椒、葱、姜、大蒜爆香；放入煎好的白鱼和冻豆腐块儿，加入调好的料汁、适量清水中火烧15分钟，大火收汁，出锅装盘，便可食用。

五、食用注意

中医理论认为白鱼是一种发物食品，支气管哮喘、癌症、红斑性狼疮、荨麻疹、淋巴结核以及疮疖诸病患者忌食；不宜和大枣同食。

康熙与清蒸白鱼的故事

传说，此菜为清代吉林乌拉将军巴海的家厨创制。康熙二十二年（1682年），康熙皇帝亲赴吉林视察武备。

一天，他行至拉鸡陵（今乌拉街）巴海将军署，巴海将军设宴为康熙接驾洗尘，特令家厨烹制松花江鱼肴。此时正值阳春三月，是北方江开鱼肥的时节。家厨选用肉质洁白细嫩、口味鲜美的松花江白鱼，并用清澈甘甜的江水烹制了一道清蒸白鱼。康熙食后大加赞赏，并兴致勃勃地挥毫写下“水寒冰冻味益佳，远笑江南夸鲂鲫。遍令颁赐扈从臣，幕下传薪递享炙”的诗句。此后，清蒸白鱼便名噪全城，白鱼也被列为贡品。

至乾隆十五年（1750年），乾隆皇帝到了吉林，此菜再次上了圣宴，又博得乾隆皇帝的赞赏，赐此菜为“关东佳味”。从此，清蒸白鱼流传更加广泛，并不断改进，一直至今，成为人们熟悉和喜爱的佳肴。

草鱼

不堪回首泪盈盈，万里淮河听雨声。
莫问萍虀并豆粥，且餐麦饭与鱼羹。

——《湖州歌九十八首（其三十三）》
（南宋）汪元量

一、食材基本特性

拉丁文名称，种属名

草鱼（*Ctenopharyngodon idella*），又名鲩鱼、油鲩鱼、草鲩鱼、白鲩鱼、混子鱼、草苞鱼等。草鱼是鲤形目鲤科雅罗鱼亚科草鱼属鱼类。

形态特征

草鱼体长，鱼身呈亚圆筒形，尾部侧扁，无腹棱，头中等大，吻宽而平扁，口端位弧形，上颌稍有突出。鳃耙短小呈棒形，排列稀疏。下咽齿为梳状栉齿，鳞片颇大，圆形。侧线微弯，向后延至尾柄正中，背鳍无硬棘，起点与腹鳍起点相对，距吻端比距尾鳍基稍远。臀鳍无硬刺，起点距腹部基部比距尾鳍基为近。鱼体呈茶黄色，背部青灰色，腹部灰白色，胸鳍和尾鳍带灰黄色，其余各鳍较淡。草鱼与青鱼外观较为相似，差别在于两者体色不同。草鱼体色茶黄带灰，偶鳍灰黄色，而青鱼体色呈青黑色，偶鳍在白色腹部的映衬下更加显得青黑。

草　鱼

习性，生长环境

草鱼在我国分布广泛，除新疆和西藏地区无自然分布外，各大江河水系均有分布。草鱼一般栖息于水域的中、下层，也会到上层觅食，性活泼、游速快。草鱼是一种典型草食性鱼类，幼鱼时期以浮游生物为主，偶尔兼食水生昆虫。体长5厘米以上的幼鱼，逐渐转变为草食性。体长达10厘米后完全以水生高等植物为食物，如苦草、轮叶黑藻、小茨藻、眼子菜、浮萍、芜萍等为其最喜食的种类。被淹没的有草地区常是草鱼的肥育场所，有些旱草也为草鱼所喜食。草鱼是中国重要的淡水养殖鱼类。

二、营养及成分

草鱼肉含有热量及蛋白质、脂肪等营养物质。每100克草鱼的部分营养成分见下表所列。

蛋白质	16.4克
脂肪	5.4克
钾	309毫克
磷	206毫克
胆固醇	84毫克
钠	44毫克
钙	34毫克
镁	32毫克
烟酸	2.5毫克
维生素E	2毫克
锌	0.9毫克
铁	0.7毫克
维生素B_6	0.2毫克
维生素B_2	0.1毫克

三、食材功能

性味 味甘，性温。

归经 归脾经、肝经、胃经。

功能

（1）明目护眼：草鱼肉含有二十二碳六烯酸（DHA），对于促进视网膜发育有良好功效，也可以预防视网膜病变及白内障。

（2）滋补开胃：草鱼肉质细腻嫩滑，可使人增加食欲。

（3）养颜益寿：草鱼肉富含硒元素，有抗衰老、养颜的功效。

（4）促进血液循环：草鱼中的不饱和脂肪酸含量非常高，对于患有心血管疾病的病人有促进血液循环的功效。

四、烹饪与加工

红烧草鱼

（1）材料：新鲜草鱼、葱、姜、料酒、白糖、辣椒粉、花椒粉、食用盐、生抽、老抽、淀粉、食用油等。

（2）做法：将草鱼洗净切成鱼块，放入盆内，根据个人的口味加入调料，盖上盖子腌制30分钟左右；取出盆内的姜丝和葱段，放入小碗备用；起锅烧油至八成热时，将裹好淀粉的鱼块依次放入锅内，炸至两边金黄色时，装入盘中备用；用锅里的余油将小碗内的姜丝和葱段煸至成金黄色，倒入适量的开水，再依次放入鱼块，当汤汁收至快干时关火，出锅装盘即可。

清蒸草鱼

（1）材料：草鱼、葱、姜、大蒜、蒸鱼豉油、食用油、花椒、食用盐、料酒等。

（2）做法：草鱼洗净后用料酒和盐腌制30分钟左右；起锅烧水，待水开后上锅蒸8分钟；取出草鱼，把盘子里的水倒掉，加入葱姜丝，倒入蒸鱼豉油（此处注意不要将蒸鱼豉油直接浇在鱼身上而是贴着盘边倒入），继续蒸5分钟；另起锅加油，待油热后加花椒少许，等花椒变色后关火，将花椒油浇在蒸好的鱼身上。

水煮草鱼

（1）材料：草鱼、葱、姜、辣椒、花椒等。

（2）做法：将鱼头、鱼尾切下，鱼身切成鱼片，用盐、料酒、姜腌制15分钟；将准备好的葱切段，生姜一半切丝，一半切片；起锅烧水放入鱼头、鱼尾、葱姜、料酒，煮熟后下入片好的鱼片，锅开即好；另取一锅加入食用油，将小米椒、泡姜、泡豇豆、葱姜蒜、辣椒、花椒放入炒香，倒入鱼锅内即成。

水煮草鱼

五、食用注意

（1）痔疮患者忌食。草鱼是发物，内含丰富的蛋白质。痔疮患者食用草鱼容易加重病情，不利康复。

（2）女性在生理期忌食。草鱼性偏凉，女性在生理期食用草鱼可能会引起痛经的症状。

（3）忌食鱼胆。鱼胆中含有胆汁毒素，人体食用后可能引起中毒而造成肝肾、脑细胞和心肌损伤或引起神经系统和心血管系统疾病。

（4）忌食腹中黑膜。我们在剖开草鱼腹部时能看到一层黑膜，这层黑膜不仅是毒素和腥味的来源，还是细菌滋生地。所以在清洗剖开的草鱼时，一定要将草鱼腹内附着的黑膜清洗掉。

（5）不搭配驴肉和西红柿一起吃。草鱼搭配驴肉一起吃可能会引发心脑血管疾病；草鱼搭配西红柿一起吃容易引起铜元素释放。

（6）不过量食用。过量食用会引起各种疮疥。

凭鱼味寻嫂嫂

相传，古时有宋姓兄弟两人满腹文章，隐居西湖，以打鱼为生。

当地恶棍赵大官人有一次游湖，路遇一个在湖边浣纱的妇女，见其美艳动人，就想霸占。派人一打听，原来这个妇女是宋兄之妻，于是他就施用阴谋手段，害死了宋兄。

恶势力的侵害，使宋家叔嫂非常激愤，两人一起上官府告状，乞求伸张正义，使恶棍受到惩罚。可是当时的官府同恶势力沆瀣一气，不但没受理他们的控诉，反而将他们一顿棒打，并赶出官府。

回家后，宋嫂要宋弟赶快收拾行囊外逃，以免恶棍跟踪前来报复。临行前，宋嫂烧了一条草鱼，加糖加醋，烧法奇特。宋弟问嫂嫂："今天鱼怎烧得这个样子？"嫂嫂说："鱼有甜有酸，我是想让你永远记住你哥哥是怎么死的，请不要忘记宋家受欺凌的辛酸，不要忘记你嫂嫂饮恨的辛酸。"宋弟听了很是激动，吃了鱼，牢记嫂嫂的话语而去。

后来，宋弟取得了功名回到杭州，把那个恶棍给惩办了，报了杀兄之仇。可这时宋嫂已经离乡而去，一直查找不到下落。有一次，宋弟出去赴宴，在宴席上吃到一道鱼菜，味道就是他离家时嫂嫂烧的那样，连忙询问是谁烧的，才知道正是他嫂嫂的杰作。原来，从他走后，嫂嫂为了避免恶棍来纠缠，隐姓埋名，躲入官家做厨工。宋弟找到了嫂嫂很是高兴，就辞了官职，把嫂嫂接回家，重新过起捕鱼为生的渔家生活。

鲢鱼

枯鱼过河泣，何时悔复及！
作书与鲂鱮，相教慎出入。

——《枯鱼过河泣》汉乐府

一、食材基本特性

拉丁文名称，种属名

鲢鱼（*Hypophthalmichthys molitrix*），又名白鲢、水鲢、跳鲢、鲢子等。鲢鱼是鲤形目鲤亚目鲤科鲢亚科鲢属鱼类。

形态特征

鲢鱼体形较扁、稍高，呈纺锤形，背部青灰色，两侧及腹部白色。胸鳍不超过腹鳍基部。鱼头较大，眼睛位置较其他鱼类偏低。鳞片细小。腹部正中角质棱自胸鳍下方直延达肛门。鲢鱼整体形态和鳙鱼相似。

习性，生长环境

鲢鱼广泛分布于亚洲东部，我国各大水系均有分布。当水温达18℃以上，江水上涨或流速加剧时，在有急流泡漩水的河段繁殖，常见于4月下旬至6月。幼鱼常游入河湾或湖泊中觅食。产卵后的鲢鱼往往进入饵料丰富的湖泊中摄食育肥。冬季鲢鱼处于不太活跃的状态，当湖水降落，成熟个体回到干流的河床深处越冬；未成熟个体大多数就在湖泊等附属水体深水处越冬。

鲢　鱼

二、营养及成分

鲢鱼肉含有热量及蛋白质、脂肪等营养物质。每100克鲢鱼的部分营养成分见下表所列。

蛋白质	17.8克
脂肪	3.6克
钾	277毫克
磷	190毫克
胆固醇	99毫克
钠	57.5毫克
钙	50毫克
镁	20毫克
烟酸	2.5毫克
铁	1.3毫克
维生素E	1.2毫克
锌	1.2毫克
维生素B_6	0.1毫克
铜	0.1毫克
锰	0.1毫克
维生素B_2	0.1毫克

三、食材功能

性味 味甘，性温。

归经 归脾经、胃经。

功能

（1）鲢鱼的鱼肉富含蛋白质、氨基酸等营养成分，对智力发育、降低胆固醇及血液黏稠度、预防心脑血管疾病具有明显的辅助疗效。

（2）鲢鱼鱼肉中的必需氨基酸的含量和比值很适合人体需要，易被人体消化吸收，具有增强机体免疫力的功效。

四、烹饪与加工

水煮鲢鱼

（1）材料：鲢鱼、淀粉、食用油、盐、葱、姜、蒜等。

（2）做法：将鱼去除内脏后洗净，切小块用淀粉、食用盐拌匀腌制；将老姜切片、大蒜切片（也可以压破）和豆瓣酱、酱油、白砂糖放碗里备用；将干辣椒切段与花椒放一起备用，葱切段；起锅烧油到八分热，将老姜等佐料倒进锅里小火慢炒，炒至色泽发亮后加入高汤或清水（以淹过鱼块为宜）；烧沸后改中火熬，倒入鱼块，煮8分钟；加入干辣椒等佐料，拌匀起锅即成。

豆腐炖鲢鱼

（1）材料：鲢鱼、豆腐、葱、姜、蒜、笋干、薏米、食用油、调味料等。

（2）做法：将豆腐切块备用，大葱切段、生姜切片；洗净鱼头，锅中放少许油，下葱姜煸出香味后放入鱼头煎成两面金黄；烹少许料酒，放入笋干和薏米；锅中加适量开水，放入豆腐，大火炖20~30分钟；加盐、胡

豆腐炖鲢鱼

椒粉、白糖调味，出锅撒上葱花即可。

红烧鲢鱼块

（1）材料：鲢鱼、蛋清、生粉、姜、蒜、味精、食用油、调味料等。

（2）做法：腌好的鲢鱼块蘸上蛋清或生粉，锅中烧油至七成热时将鲢鱼块下锅，炸至金黄出锅备用；然后爆香姜末、蒜末，也可加一个西红柿（切丁），加味精、盐、水适量，待味道出来后，加入炸好的鱼块；待鱼熟后起锅时，根据个人口味撒辣椒粉、胡椒粉、香菜叶、葱花即可。

五、食用注意

（1）脾胃蕴热者不适合吃鲢鱼。虽然鲢鱼能够提高人的免疫力，还能够预防多种疾病，但是脾胃蕴热者不宜食用，因为它有可能会加重人体脾胃的负担，不利于消化以及吸收，还容易引起腹泻等疾病。

（2）瘙痒性皮肤病、荨麻疹、癣病患者应忌食鲢鱼。鲢鱼鱼肉属发物，大量食用鲢鱼之后，局部瘙痒的症状会越来越严重，从而危害自身的身体健康。

拆烩鲢鱼头的来历

清末，镇江有个财主，他雇了工匠建造新屋和私家花园。一天，财主的妻子过生日，他见管家买了好几条大鲢鱼，就叫厨师用鱼肉烧菜待客，而将鱼头烧熟后给木匠、泥水匠吃。财主十分精明，怕鲢鱼头骨多，吃起来费事，会耽误工时，就叮嘱厨师把鱼头拆骨后再烧煮。厨师见财主对待工匠如此刻薄，不由得怒上心头，他气愤地把案板上用来宴客的鸡肉、火腿、海参和各种鲜味佐料都顺手抓了一大把，放入锅中，同鱼头一起烧煮。这天中午，泥水匠、木匠们津津有味地吃完了这道“什锦菜”，连声称赞，说厨师的手艺不同凡响。数年之后，这位厨师自己开了一家小饭馆，经常烧制“拆烩鲢鱼头”招待过往客商。由于滋味鲜美，这道菜很快便闻名遐迩，这家小饭馆生意也越来越兴旺，其他饭店菜馆也争着效仿。久而久之，“拆烩鲢鱼头”就成了淮扬传统名菜之一。

鳊鱼

吟鞭遥指鹿门归，水色山光件件诗。
缩项鳊鱼元自好，当年应悔识王维。

——《蒋实斋出示孟浩然画像因赋二绝》（南宋）陈鉴之

一、食材基本特性

拉丁文名称，种属名

鳊鱼（*Parabramis pekinensis*），又名长身鳊鱼、鳊花鱼、油鳊鱼、团头鲂（武昌鱼）；古名槎头鳊鱼，缩项鳊鱼等。鳊鱼为鲤形目鲤亚目鲤科鲌亚科鳊属鱼类。

形态特征

鳊鱼体高，两侧扁，鱼体基本呈菱形，体长约30厘米，为体高的2.2~2.8倍。背部一般为青灰色，两侧银灰色，腹部银白色；体侧鳞片基部灰白色，边缘灰黑色，形成灰白相间的条纹。头较小，头后背部急剧隆起。眼眶上骨小而薄，呈三角形。口小，前位，口裂广弧形。上下颌角质不发达。背鳍具硬刺，刺短于头长；胸鳍较短，达到或仅达腹鳍基部，雄鱼第一根胸鳍条肥厚，略呈波浪形弯曲；臀鳍基部长，具27~32枚分枝鳍条。腹棱完全，尾柄短而高。鳔3室，中室最大，后室小。

鳊 鱼

习性，生长环境

鳊鱼作为中国特有鱼类之一，在黑龙江、鸭绿江、黄河、淮河、长江、钱塘江、闽江、珠江等各水系中均有分布，特别是分布于长江中下游附属的中型湖泊中。它是中国主要淡水养殖鱼类之一。

二、营养及成分

鳊鱼肉含有热量及蛋白质、脂肪等营养物质。每100克鳊鱼的部分营养成分见下表所列。

蛋白质	18.3克
脂肪	6.3克
碳水化合物	1.2克
钾	215毫克
磷	188毫克
胆固醇	94毫克
钙	89毫克
钠	41.1毫克
镁	17毫克
烟酸	1.7毫克
锌	0.9毫克
铁	0.7毫克
维生素E	0.5毫克
维生素B_2	0.1毫克
铜	0.1毫克
锰	0.1毫克

三、食材功能

性味 味甘，性温。

归经 归胃经。

功能

（1）鳊鱼营养丰富，蛋白质和氨基酸含量高，长期食用可起到强身健体的功效，适用于气血虚弱及贫血、白细胞减少症。

（2）由于其含有丰富的蛋白质、氨基酸及各种矿物质和微量元素，所以具有促进婴幼儿生长发育的作用。鳊鱼中各种氨基酸含量齐全，其中含量最高的是谷氨酸，最低的是色氨酸。

（3）医学认为多食鳊鱼可预防高血压、动脉硬化、贫血、低血糖等症。

四、烹饪与加工

清蒸鳊鱼

（1）材料：鳊鱼、葱、姜、蒜、调味料、食用油等。

（2）做法：鱼洗干净后抹点盐，鱼身正反两面都划3斜刀，加点料酒腌15分钟，大葱和姜洗净后切丝；鱼腌好后装盘在鱼背上放一半葱丝，姜丝放入鱼肚；起锅烧水，水开后把鱼放进去加盖蒸8分钟，关火后不揭锅盖焖2分钟，之后把鱼拿出，将蒸出来的水倒掉。把鱼背上的葱丝丢掉，把切好的剩

清蒸鳊鱼

下一半葱丝放在鱼背上，加生抽、醋。另起锅，锅烧热给油，把烧好的油倒在鱼身上。

红烧鳊鱼

（1）材料：鳊鱼、葱、姜、蒜、料酒、盐、食用油等。

（2）做法：将鳊鱼去除内脏洗净，鱼身切花刀，抹盐腌制入味；起锅烧油，放入姜蒜爆香，然后下鱼，用中火煎至两面金黄；依次加入料酒、生抽、老抽、白砂糖，适量清水，烧开，用中火慢炖7~8分钟；等汤汁快收干时，把鱼装到盘子内，用大火烧滚汤汁，用水淀粉勾芡后，将汤汁均匀地淋在鱼上，撒上香葱即可。

五、食用注意

患有慢性痢疾之人忌食。

武昌鱼名字的由来

相传，三国时，武昌樊口是吴国造船的地方。有一天，为了庆贺大船下水，孙权命人摆设酒宴，老百姓也纷纷送来各色各样的鲜鱼庆贺，宴席上自然有樊口产的樊口春酒和鳊鱼了。樊口鳊鱼体形独特，头小颈短，脊隆背宽。孙权吃着喷香的清蒸鳊鱼，觉得味道与别的鱼不同，特别鲜嫩，极感兴趣，酒也比平时多喝了许多，连上三次鳊鱼都吃得干干净净。

孙权问："这酒和鱼产于何处？"旁边一位大臣答道："这是一位老渔翁为谢主公恩德送来的，但不知出自哪里。"孙权听了遂命人将这位老翁找来。

老渔翁进了宴会厅，孙权命人赏他一碗酒，要他说说这鱼出自哪里。老渔翁一口喝干了酒说："这种鱼叫鳊鱼，出自百里外的架子湖。每当涨水季节，它游经99里长港、绕过99道湾，穿过99层网来到长港的出水口，这出水口名叫樊口，这里一边是港水清洌，一边是江水浑黄。鳊鱼在会合处的逆水中，喝口浑水吐一口清水，喝一口清水吐一口浑水，经过7天7夜，原来的黑鳞变成银白色，原来的黑草肠变成肥满满的白油肠，所以吃起来格外味美。"

孙权听得入了神，又命人再赏他一碗酒。老渔翁也不客气，接过酒又喝干了。接着，他又说："这种鱼，油也多，鱼刺丢进水中，可以冒出三个油花。"孙权不信，便亲自一试，果然，别的鱼刺只冒出一个油花，只有鳊鱼刺在水中翻出三个油花来。孙权一看，十分感兴趣，便亲自起身，端起一碗酒赏给老渔翁。老渔翁双手接过酒，又说："用这种鱼刺冲汤可以解酒，喝多了也醉不了。"孙权听了半信半疑，上前一把抓住老翁的手说："如果真能解酒，我愿领罚三大碗。"说罢，遂命人用开水将鱼刺冲成汤，孙权喝了一口，顿感神志清醒，大臣们喝后，也个个拍手称赞。孙权还从未尝到过这么好滋味的酒和鱼，忙让人加鱼添酒，大家双手捧起大碗，仰着脖子又喝了起来，还抢着吃鳊鱼。说也奇怪，大家放开酒量纵情狂饮，没有一人大醉。从此，鳊鱼改称武昌鱼，凡到武昌者，莫不以吃到清蒸武昌鱼为快，清蒸武昌鱼遂成为"楚天第一菜"。

樊口所产的鳊鱼以团头鲂为主。此鱼肉嫩脂多，尤为肥美，故古时有"鳊鱼产樊口者甲天下"的说法，到了武昌的人也必一品武昌鱼的滋味。武昌鱼是历代诗人的赞颂对象，有"南游莫望武昌鱼""九州横驰鲂有家"等佳句传世。三国末期，吴主孙皓想建都武昌，但百姓苦于逆流朝奉，朝内部分大臣也纷纷阻止其迁都，左丞相甚至编了一首民谣："宁饮建业水，不食武昌鱼。宁还建业死，不止武昌居……"从此，武昌鱼的称谓便流传下来。

油鱼

客从都下来，远遗东华鲊。
荷香开新包，玉脔识旧把。
色絮已可珍，味佳宁独舍。
莫问鱼与龙，予非博物者。

——《和韩子华寄东华市玉版鲊》（北宋）梅尧臣

一、食材基本特性

拉丁文名称，种属名

油鱼（*Pseudogyrincheilus procheilus*），又名圆雪（鳕）鱼、仿雪（鳕）鱼、白玉豚、牛油鱼、泉水鱼等。油鱼为鲤形目鲤科野鲮亚科泉水鱼属鱼类。

形态特征

油鱼的拟圆唇鱼体略长，前部圆，后部侧扁。体长最大可至20厘米左右。头背部成弧形。吻端圆钝，吻皮向前伸展，联成上唇，其间并无分界线。下唇后面有一小部为小角质突起所盖，口张开时吻皮及下唇内面外翻成喇叭形，口即在此喇叭口之正中。唇后沟限于口角处。须2对，与眼径等长，唇须很小。眼位于头侧稍上方。下咽齿3行，齿端呈斜面。鳞中等大，腹部鳞较小，且隐藏于皮下，侧线鳞45~47片。背鳍Ⅱ8，无硬刺，起点在腹鳍起点之前。臀鳍Ⅲ5。体上部为黑色或青黑色，腹面灰白色，各鳍微黑，体侧鳞绝大部分有黑色边缘，从鳃孔之后至胸鳍前，黑色的斑块较粗而联成一大形黑斑。油鱼肉含脂量高，肉质细嫩鲜美。

油　鱼

习性，生长环境

油鱼分布于长江上游干、支流及珠江水系的西江中上游，栖息于江

河流速较大的水域的中下层，平时喜欢生活于山溪与具流水的岩洞，及江河有泉源的地方。常以口在江底岩石上刮食附着动植物及其他有机物质，很少进入地层为污泥的静水水体中。生殖季节游向上游产卵，产卵时间在3—4月，卵产于石缝或石洞中。

二、营养及成分

油鱼肉含有热量及蛋白质、脂肪等营养物质。每100克油鱼的部分营养成分见下表所列。

蛋白质	18克
脂肪	8克
碳水化合物	0.6克

同时，油鱼肉质中还含维生素A、B_1、B_2、E，胆固醇，烟酸，胡萝卜素和微量元素钾、钠、钙、镁、磷、硒等。

三、食材功能

性味 味甘，性平。

归经 归脾经、肾经。

功能

（1）补益元气，和养脏腑。治痢疾久不得愈。又治吐血，女子崩中。

（2）油鱼适合青少年食用，因为它可以促进骨骼的发育，而且还可以补血。多吃油鱼可以缓解视力疲劳、改善人体的肝脏功能，有益于身体健康。油鱼还适合上班族食用，因为它可以增强身体抵御电脑辐射的能力。

香煎油鱼

（1）材料：油鱼、盐、面粉、油、胡椒粉、辣椒粉、葱、姜丝。

（2）做法：油鱼去除内脏洗净控水备用，加入适量盐，葱姜丝，腌制半小时，准备面糊，将面粉和少许盐、胡椒粉加清水调匀，将腌好的鱼均匀裹上面糊，起锅烧油放入鱼，以中火煎制，等定型后，表面煎至金黄色翻面，煎至两面金黄色装盘即可。

香煎油鱼

红烧油鱼

（1）材料：油鱼、葱、姜、蒜、调味料、芹菜、香菇、蒜苗、食用油等。

（2）做法：油鱼去除内脏洗净，然后将鱼头、鱼尾剁下，将鱼肉切片；将片下的鱼肉去皮，去刺，用葱、姜、精盐、味精、料酒腌渍10～15分钟，拣去葱、姜后放入淀粉抓匀上浆，放入烧至四成热的食用油中小火滑炒2分钟后取出备用；将芹菜、蒜苗洗净，切成中长段；鲜香菇洗净，切成片，放入沸水中大火汆2分钟，取出备用；泡菜洗净，切成片；野山椒去蒂备用；锅内放入适量食用油，烧至七八成热时放入郫县豆瓣、姜末、干辣椒、鲜花椒，小火翻炒5分钟至出香，再加入清水、火锅料大火烧开，放入鱼块小火煮5分钟，然后放入芹菜段、蒜苗、香菇片再煮2分钟，后放入鸡精调味后即可出锅。

五、食用注意

（1）因为油鱼所含的胆固醇是普通肉制品的40倍左右，因此高血脂及高胆固醇患者不宜过多食用油鱼。

（2）油鱼是一种凉性海鲜，脾胃虚寒乃至痤疮患者不宜食用。

白族渔潭会与油鱼的故事

传说油鱼是鱼精的子孙。

很久以前，苍山脚下的渔潭洞口常停栖一条老鱼，它内吞五行之精，外感阴阳之气，百年后便成了鱼精。它时常酣睡，在酣睡中产出油鱼。每年八月十五日是它苏醒的日子，它一醒来，就把嘴伸出水面，把坡上的行人吸进肚里，不少人因此葬身鱼腹。为了阻止鱼精吃人，白族人民每年从八月十五日开始在渔潭坡上买卖渔具、大牲畜及生产生活用具，还在坡上耍龙耍狮、唱歌跳舞。白天人声鼎沸，夜晚灯火辉煌，鱼精就不敢再出来了。

从此，渔潭会就在每年八月十五日举行，会期7~10天。

马口鱼

昭君出塞省亲还，桃花鱼戏桃花潭。
琵琶弦断歌声歇，泪洒彝陵离长安。

——《桃花鱼》（清）朱洪

一、食材基本特性

拉丁文名称，种属名

马口鱼（*Opsariichthys bidens*），又名花杈鱼、桃花鱼、山鳡鱼、坑爬鱼、宽口鱼、大口扒鱼、扯口婆鱼、红车公鱼等。马口鱼为鲤形目鲤亚目鲤科马口鱼属鱼类。

形态特征

马口鱼体长而侧扁，腹部圆。吻长，口大；口裂向上倾斜，下颌后端延长达眼前缘，其前端凸起，两侧各有一凹陷，与上颌前端和两侧的凹凸处相嵌合。眼中等大。侧线完全，前段弯向体侧腹方，后段向上延至尾柄正中。体背部灰黑色，腹部银白色，体侧有浅蓝色垂直条纹，胸鳍、腹鳍和臀鳍为橙黄色。雄鱼在生殖期出现“婚装”，头部、吻部和臀鳍有显眼的珠星，臀鳍第1~4根分枝鳍条特别延长，全身具有鲜艳的“婚姻色”。

习性，生长环境

马口鱼分布广泛，黑龙江、松花江、鸭绿江、辽河、滦河、黄河的干流和支流、长江水系、珠江水系等大江小河，洞庭湖、鄱阳湖、巢湖、太湖、东平湖等大小湖泊和许多水库、野塘都有分布。马口鱼繁殖力强，是自然水域分布极广泛的小野鱼。马口鱼平时活动于水域的上层和中层，晴空丽日、波平浪静时，常见它们成群地游弋于水面，跳跃击水。马口鱼体型虽小，但长得凶，口裂大，是小型凶猛鱼类，在自然水域觅食水生昆虫和小型幼鱼，一旦混入人工养鱼塘，人工放养的小型鱼种将成为它们的口中餐；垂钓时，不但抢食蚯蚓等荤饵，也吞食面筋等素饵和模拟假饵。马口鱼于每年的5—8月繁殖。

马口鱼

二、营养及成分

马口鱼肉含有热量及蛋白质、脂肪等营养物质。每100克马口鱼的部分营养成分见下表所列。

蛋白质	16克
脂肪	1克
碳水化合物	0.3克

马口鱼还含有各类维生素、微量胆固醇，另含微量元素锌、镁、铁、硒、钾、钠、锰等，钙与磷比值1∶1.3。

三、食材功能

（1）马口鱼补虚劳，快胃气，对虚劳咳嗽、气血不足、体弱多病、胃虚厌食有食疗助康复功效。

（2）马口鱼有降低胆固醇含量、软化血管、预防和治疗心脑血管等

疾病的功效，对预防和治疗血栓、动脉粥样硬化、高血压、血液黏稠都有明显的食疗作用，对脾胃虚弱、营养不良、产后体虚者疗效颇佳。

（3）马口鱼虽小，但营养非常丰富，富含多种蛋白质，而且低脂脂肪含量低。同其他鱼类一样，马口鱼可以补充人体所需的钙质，含有丰富的DHA，有益于胎儿的脑部发育。

四、烹饪与加工

两吃马口鱼——（酥炸+红烧）

（1）材料：马口鱼、料酒、葱、姜、蒜、花椒、调味料、食用油等。

（2）做法：马口鱼洗净，在鱼身上切口，便于入味，也把鱼刺切断；将一半马口鱼放入盆中，加入料酒、葱姜、花椒腌制入味；腌好的鱼蘸上干粉备用；将鱼放油锅小火炸制，炸到两面金黄色即可；出锅撒上椒盐，就是酥炸马口鱼。

切好葱姜蒜，另一半鱼也炸透备用；用酱油、料酒、醋、酱豆腐调一个碗汁儿；炸好的鱼加入葱姜蒜、白糖，烹入碗汁儿，立即盖锅盖，烧至收干汤汁即可，就是红烧马口鱼。

酥炸马口鱼

糖醋马口鱼

（1）材料：马口鱼、醋、盐、酱油、白糖、葱姜、食用油等。

（2）做法：马口鱼清洗干净，加醋、盐拌均匀腌制15分钟；用醋、酱油、白糖、盐、葱姜末调制好糖醋汁，用面粉、淀粉、水调制好糊；马口鱼挂糊，入5~6成热油锅炸至熟，捞出沥油；糖醋汁入锅熬，熬开后鱼入锅，轻轻晃动锅。鱼均匀裹上糖醋汁即可出锅装盘。

五、食用注意

尽量不要与中药同食，否则容易影响疗效和营养价值。

王昭君与桃花鱼的传说

据《荆州府物产考·桃花鱼记》载："桃花鱼出彝陵，生于水，非鱼也。以桃花为生死，东湖之异虫也……惟一溪有之，溪在松隐庵后，距城三里许。"

桃花鱼随着桃花的开谢而生灭，自有一段优美动人的传说。

相传汉朝以前，此处并无桃花鱼。汉元帝时，昭君出塞之前，回家乡看望父老乡亲，时值桃花现蕾、杨柳抽条时节，她对故乡的山水无限依恋。

桃花待谢时，省亲的期限到，昭君收拾行装，踏上返回长安的归程。昭君的父母、妹妹及众乡亲，都依依难舍地前来送别。

昭君婉言劝住了相送的父老乡亲，含泪踏上龙船，忽然，满地桃花飞舞，飘洒到香溪河里，汇集在昭君乘坐的龙头雕花船旁。龙船顺流而下，桃花随船而漂，群山挡住了昭君回望家乡的视线。她含泪弹起了琵琶，乐声如泣如诉，幽怨动人，直弹得船夫落泪，桃花黯然。

昭君的泪水伴着深情的乐声，洒在满河的桃花瓣上，那被泪水浸湿的花瓣，顿时变成美丽的桃花鱼，淡红的、乳白的、洁白的，如同一朵朵桃花，浮游在昭君乘坐的龙船周围。

船至彝陵峡口，弦断音歇，桃花鱼也就此上游，沉入了桃花潭。从此，每当桃花盛开的季节，桃花鱼便在香溪清澈的水中游来游去，好像和故乡的亲人们一起呼唤昭君归来。

至今香溪的老人们还说：桃花盛开、明月当空的深夜，有时就能听到古代妇女衣服上金玉饰物的撞击声。难怪杜甫到昭君故里凭吊古迹后写的《咏怀古迹》这首诗中道“环佩空归月夜魂”呢！人们想那一定是怀念故乡的昭君回来看望乡亲们了，乡亲们还想用“水未桃花鱼”来款待她呢。

湖北名菜“水未桃花鱼”就是来自这个美丽哀怨的传说。

鲮鱼

八骏茫茫去不回，白云歌曲使人哀。
鲮鱼风起鲸鲵涌，青鸟何由海上来。

——《漫成》（明）刘基

一、食材基本特性

拉丁文名称，种属名

鲮鱼（*Cirrhinus molitorella*），又名土鲮、雪鲮、鲮公、花鲮等。鲮鱼为鲤形目鲤科野鲮亚科鲮属鱼类。

形态特征

鲮鱼看上去头比较小，嘴巴圆润较大，身子扁且长，它的身体呈现淡白色，腹部比较白。鲮鱼的两边比较扁，它的背部有些凸起，嘴长微微大于眼睛的长度。嘴巴比较小，是圆弧形的，嘴巴的上半部分有点像波浪形状，嘴巴的下部分边缘有凸起的痘痘。鲮鱼的鱼鳞属于大型的，体型较长，尾巴比较宽。

鲮　鱼

习性，生长环境

鲮鱼对于水温要求较高，喜欢栖息于水温较高的地区，低于7℃会导致其死亡。其生活区域主要在珠江、闽江、澜沧江和元江流域以及海南岛、台湾等地。鲮鱼以植物为主要食料，常以下颌的角质边缘在水底石块等上面刮取生藻类，包括硅藻、绿藻以及高等植物的碎屑和水底腐殖质；也喜食猪粪、牛粪和一些商品饲料，如花生麸、米糠等。鲮鱼3龄性成熟，在洪水期成批来到一定的江段，发情、追逐、产卵，并发出“咕

咕”的求偶响声，产半浮半沉卵，顺水漂流。鲮鱼的繁殖期为4月下旬至7月上旬，5月初至6月中旬为盛期。鲮鱼是底层鱼类，对溶氧量的要求较低，能适应较肥沃的水体。

二、营养及成分

鲮鱼肉含有热量及蛋白质、脂肪等营养物质。每100克鲮鱼的部分营养成分见下表所列。

蛋白质	18.4克
脂肪	2.1克
碳水化合物	0.5克
钾	317毫克
磷	176毫克
胆固醇	86毫克
钠	40.1毫克
钙	31毫克
镁	22毫克
烟酸	3毫克
维生素E	1.5毫克
铁	1毫克
锌	0.8毫克
维生素B_2	0.1毫克

三、食材功能

性味 味甘，性平。

归经 归肚经、脾经、肾经、胃经。

功能

（1）鲮鱼具有营养丰富而全面的特点，其鱼肉脂肪含量低，蛋白质及维生素种类丰富，富含微量元素及人体所必需的氨基酸。

（2）常吃鲮鱼不仅能健身，还能缓解肥胖，有助于降血压和降血脂，使人延年益寿。

（3）鲮鱼肉还能预防动脉硬化、高血压和冠心病，并有降低胆固醇的作用，因此特别适宜中老年人和肥胖人群。

四、烹饪与加工

香芋黄芪煲鲮鱼

（1）材料：芋头、鲮鱼、黄芪、果丹皮、瘦肉、调味料、食用油等。

（2）做法：芋头去皮切成大小适中的方块；鲮鱼宰杀去除内脏洗净；锅中加入食用油，烧至六七成热时放入鲮鱼小火两面各煎2分钟取出；将煎好的鲮鱼肉与黄芪、果丹皮、瘦肉、清汤一起放进瓦煲中，大火烧开后改小火煲1小时，然后再入芋头块小火煲1小时，根据个人口味加盐调味即可。

三鲜蒸鲮鱼球

（1）材料：鲮鱼、葱花、腊肉粒、虾米粒、调味料、食用油等。

（2）做法：先将鲮鱼肉骨分离，头、骨、尾留着备用；鲮鱼肉直切薄片，将适量的生粉、盐、胡椒粉等放入鱼肉中和葱花、腊肉粒、虾米粒一起顺时针拌匀至有胶质，再猛摔至有弹性，捏成丸状备用；丝瓜去皮切条，鸡腿菇、木耳切片后焯水，吸干水分后用鸡粉、蚝油调味和丝瓜一起垫在碟底，鲮鱼球放在上面同蒸约8分钟，淋豉油、热油便可上桌。

鲮鱼万年青

（1）材料：鲮鱼、万年青（日本进口的菜干）、豆豉、调味料等。

（2）做法：万年青放冷水中泡软；锅中加汤烧开，放入万年青煮一下捞出，放碗里；将鲮鱼和豆豉切碎后放在万年青的碗里，再加盐、味精、生抽、葱油，拌匀装盘。

鲮鱼万年青

五、食用注意

鲮鱼性平，诸无所忌，但海鲜过敏体质者慎食；阴虚喘嗽的人不宜食用鲮鱼。

“绉纱鱼腐”的传说

相传，清乾隆年间，广东罗定双龙村的龙哥、龙妹兄妹俩相依为命，勤耕苦种，艰难维持生活。穷归穷，他俩人缘好，村里谁家需要帮忙，他俩都二话不说就去帮忙了。好不容易又到了腊月廿八，快过年了，兄妹俩为过年的事发愁。缺钱、缺粮、缺肉，怎么过年？其间还要招待亲戚，怎么办？

一天夜里，龙哥梦见济公在山崖上煮鱼，只见济公像玩把戏似的，把鱼捏在手里，眨眼间，小鱼丸就不断地从他的手中飞出，飞落锅里，袅袅炊烟夹带着阵阵清香。龙哥正想看个究竟，一阵狗吠把好梦惊醒。

第二天一大早，龙哥把这个梦告诉了龙妹，天赋聪慧的龙妹不假思索，说：“这是一道好菜。”并告诉龙哥如何做出这道菜，龙哥高兴地点了点头。天还未亮龙哥就拿着渔具赶往离双龙村不远的渔湾，渔湾的鱼又多又肥，是小鱼儿生活的天然港湾。龙哥没有小船，就游到江中凸起的岩石上，他看准有鱼儿的地方撒开渔网，来不及逃走的鱼儿被网网住了。如此反复，颇有收获，且多是鲮鱼，装鱼的桶也逐渐满了。

龙哥兴冲冲地回到家里。龙妹见到活蹦乱跳的鲮鱼，甚为高兴。龙妹洗鱼，龙哥把鲜鲮鱼去骨剥皮，取净肉，再剁成肉茸，加入鸡蛋清、食盐等调味料，反复搅拌成有一定弹性的鱼胶，然后像济公那样，把鱼胶捏在掌中，从虎口处挤出小丸，再用汤匙刮落在油锅里，用慢火炸至金黄色后捞起。这半透明的鱼丸，形如金球，香气四溢，入口甘香酥脆，松软而略带韧性。邻里闻香而动，纷纷来到龙哥龙妹家探个究竟。当大家品尝后，都赞不绝口。龙哥龙妹再把金黄色的鱼丸用清水煮片刻，配以青菜，甘香嫩滑，妙不可言。龙哥龙妹为这种鱼丸起名“绉纱鱼腐”。

几年之后，“绉纱鱼腐”就成了当地宴客必备的传统菜式之一，并名扬天下。

鳑鲏鱼

药物枝梧病渐苏，门前野老笑相呼。
春深水暖多鱼婢，雨足年丰少麦奴。
小饮杯盘随事具，闲行巷陌倩人扶。
题诗非复羌村句，谁与丹青作画图。

——《村居书事二首》（南宋）陆游

一、食材基本特性

拉丁文名称，种属名

鳑鲏鱼（*Rhodeus sinensis*），又名四方皮、镜鱼、彩圆儿等。鳑鲏鱼是鲤形目鲤亚目鲤科鳑鲏亚科鳑鲏属鱼类。

形态特征

鳑鲏属系小型鱼类，全长3～10厘米，个别种超过15厘米。鱼体呈侧扁形，体较高而薄，体高为体长的1/4～1/2；体厚（最宽的左右轴）约为体高的1/3，头和尾部均短小，其各自长与高度之比几乎相等。体背缘薄而外突，腹缘略厚而无棱。口呈亚上位、端位或亚下位，口裂狭小，止于鼻孔后缘垂直线上，腹视呈弧形。唇简单，无乳突，上下唇连于口角。口角无须。鳃孔上角略低于眼上缘水平线，鳃盖膜连于颊部。背鳍起点在体中央，部分基底与臀鳍基底相对。腹鳍与背鳍相对或稍前。胸、腹鳍长度相当。尾鳍叉形。肠管盘绕形状独特，为逆时针走向，并盘卷成圆形或椭圆形。肛门位于腹鳍基和臀鳍起点间。该类鱼系

鳑鲏鱼

杂食性，以水藻、浮游生物、碎屑等为食，消化管较细，其长为体长的1~10倍，随种类、个体大小有差异。

习性，生长环境

鳑鲏属中有中华鳑鲏和圆体鳑鲏两种，我国有5属12种。数量多，分布广，为垂钓爱好者喜爱品种。分为有须和无须两种，主要产于我国华东地区沿海各地，以及广东、广西、海南和中国台湾地区。

二、营养及成分

鳑鲏鱼肉含有热量、蛋白质、脂肪等营养物质。每100克鳑鲏鱼的主要营养成分见下表所列。

蛋白质	30.7克
脂肪	26.9克
碳水化合物	8.5克

鳑鲏鱼肉还含有维生素A、维生素B_1、维生素B_2、维生素D，还含胆固醇、烟酸和微量元素锰、钙、磷、镁、铁、锌、硒、铜等成分。

三、食材功能

性味 味甘，性温。

归经 归脾经、胃经。

功能

（1）益脾胃。煮食令人下元有益；添精补髓，补三焦之火；善发疮，可用以起痘毒。

（2）鳑鲏鱼营养全面，且其肉质细腻松软，易被人体消化吸收，适宜身体虚弱以及病后需要调养的人群；鳑鲏鱼肉含有丰富的镁元素，对人体心脏活动具有重要的调节作用，能很好地保护心血管系统，还可降低血液中胆固醇含量，防止动脉粥样硬化，同时还能扩张冠状动脉，有利于预防高血压；鳑鲏鱼通乳作用较强，并且富含磷、钙，对小儿、孕妇有补益功效。

四、烹饪与加工

酥炸鳑鲏鱼

（1）材料：鳑鲏鱼、料酒、盐、食用油、椒盐粉等。

（2）做法：把鳑鲏鱼去除内脏清洗干净，放适量料酒和盐拌匀腌制1小时左右；锅内放入食用油，烧至八成热，鳑鲏鱼沥干水分后放入油锅炸至鱼漂浮起来捞出，然后再倒入油锅，大火炸一遍；炸至鳑鲏鱼酥脆浮起来关火捞出，装盘，撒上适量椒盐粉。

酥炸鳑鲏鱼

椒盐鳑鲏鱼

（1）材料：鳑鲏鱼、葱、姜、蒜、食用盐、料酒、食用油、胡椒粉等。

（2）做法：将杀好的鱼清洗干净，放入食用盐、料酒、葱、姜、胡椒粉拌匀，腌制30分钟；起锅烧油，油温达到七八成热时放入鱼炸至金黄色，捞出；锅里留底油，放入调料爆香，放入炸好的鱼炒匀，撒上椒盐粉炒匀。

红烧鳑鲏鱼干

（1）材料：鳑鲏鱼干、葱段、姜片、食用油、调味料等。

（2）做法：起油锅倒入底油下鳑鲏鱼炒至微微焦黄；下姜片、葱段、辣椒爆香；加入没过鱼干的清水，加入老抽、生抽、白糖、鸡粉调味大火烧开；烧至汤汁干即可。

五、食用注意

凡患有瘙痒性皮肤病者忌食。

鳑鲏鱼找妈妈

鳑鲏鱼的繁殖方式很特别，它是从蚌壳里出生的。它第一眼看到的是河蚌，出于本能，自然就认河蚌为妈妈了。河蚌说：“孩子，你虽说是从我怀里出来的，可我并不是你的妈妈，我是河蚌，你妈妈叫鳑鲏。”鳑鲏鱼不相信，以为河蚌妈妈抛弃它，难过得哭了：“妈妈，妈妈，你就是我亲妈妈。”河蚌叹口气：“孩子，你好好看，你像我吗？等你长大了，就知道怎么一回事了。”

鳑鲏鱼渐渐长大，常常把自己与河蚌做比较，越看越不像，也就知道自己的妈妈不是河蚌了。它心里又想，难道是亲生妈妈狠心把我扔了？正巧，一条鳊鱼从身旁游过，鳑鲏鱼忽然觉得很熟悉、很亲切，看看鳊鱼，看看自己，不由自主地喊道：“妈妈，妈妈。”鳊鱼看了看鳑鲏，理也不理，尾鳍划了个弧线，一个潇洒的滑行，径自游走了。

鳑鲏鱼难过极了，妈妈真的不要我了。但它不死心，只要遇上鳊鱼，它还是叫妈妈。鳊鱼也恼了，顺口说道：“你看看你那小身板，怎会是我的孩子呢？”无数次的碰壁后，鳑鲏鱼暗下决心，一定要努力长成鳊鱼的样子。等我长成了你，看你还不认我吗？几年过去了，鳑鲏鱼还是那么一丁点大。它急了，这是咋回事呢。于是，它又去找河蚌诉说。河蚌说：“孩子，你是鳑鲏，它是鳊鱼。你们虽说相像，可种类不同啊。这不是努力不努力的问题。鳑鲏永远不会长成鳊鱼的，就像那些蚬子永远也长不成我们河蚌一样，要不这世界这水族就乱了套了。”鳑鲏鱼似有所悟，沮丧地点了点头。

鲃鱼

老桂花开天下香，看花走遍太湖旁。
归舟木渎犹堪记，多谢石家鲃肺汤。

——《咏鲃肺汤》（现代）
于右任

一、食材基本特性

拉丁文名称，种属名

䰾鱼（*Bardodes denticulatus denticulatus*），又名青竹、青鱼、竹䰾、青竹鲤、青鲋鲤等。䰾鱼是鲤形目鲤科䰾属鱼类。

形态特征

䰾鱼体长而侧扁，背部稍隆起，身体呈长菱形，体长一般在4厘米左右。头小，稍尖，头的背部成弧形。吻钝，稍向前突出。口端位，呈马蹄形；唇厚，上、下唇在口角处相连，唇后沟不相连，上颌突出。须2对，前对比后对稍短。下咽齿3行，侧扁，顶端微弯。鳞大，侧线鳞28~32片。背鳍条起点在腹鳍基部之后，硬刺强大，后缘有粗糙的锯齿，背鳍起点前有一平卧向前的倒刺。腹鳍位于背鳍起点之前。臀鳍条末端可达尾鳍基。背部微黑色，腹部白色，多数个体的鳞片前缘呈黑色，近尾鳍基部有一黑斑，幼鱼更为明显，有时腹鳍和臀鳍末端稍带黑色。

䰾　鱼

习性，生长环境

鲃鱼一般栖息于江河上游的乱石间隙和深水石洞处，分布于云南元江流域、西江上游及海南。

二、营养及成分

鲃鱼肉含有热量、蛋白质、脂肪等营养物质。每100克鲃鱼的部分营养成分见下表所列。

蛋白质	20克
脂肪	1.5克

鲃鱼还含有各类维生素，以及微量元素硒、锌等和多种氨基酸。

三、食材功能

性味 味甘，性热。

归经 归肺经、肾经。

功能

鲃鱼蛋白质含量高、脂肪含量低，还含维生素B_1、B_2及硒、锌、钙、磷、铁等多种微量元素，具有壮阳和温中补虚之功效。

四、烹饪与加工

红烧鲃鱼

（1）材料：鲃鱼、盐、食用油、调味料等。

（2）做法：去头尾改刀切成寸段，用盐腌制20分钟；用少量油煎制，煎成红色捞出待用；勺内放少许油，放入辅料及调料，加水放鱼段，火烧开，小火炖，20分钟后收汁，即完成。

冻豆腐炖鲃鱼

（1）材料：鲃鱼、葱、姜、蒜、冻豆腐、干辣椒、八角、盐、食用油、调味料等。

（2）做法：锅中放油烧热后放入干辣椒和八角一个；放入葱、姜、大蒜粒煸香；放入白糖，加入酱油煸炒后加水；放鱼入锅；等锅开了就加料酒、胡椒粉、冻豆腐和盐调味；盖上锅炖，当汁少了就可以加少许醋入盘。

冻豆腐炖鲃鱼

五、食用注意

热症、阴虚火旺者忌食。

鲁班与鱼的传说

古时候，武昌的黄鹤楼正在修建，楼已进入建筑最上面的两层了。谁知，竟遇上了百日大旱，发生了饥荒，人们饿着肚子，哪来力气干活呢？

一天，从外地来了一个挺精神的老头，他来到工地上，看见石匠、木匠一个个都是懒洋洋的，老人沉思片刻，围着黄鹤楼转了两圈，回身拿了斧头和刨子，选了一根杉木。很快爬上了楼的顶层，东瞅瞅西望望，就在一面临江的大窗前，摆好了那根大杉木，熟练地抡起斧头砍了起来。只见一片片木屑，轻飘飘地飞入长江中，老人砍了一会儿，又抡起刨子，摆开弓箭步的架势，刨起木头来，那飞舞的木屑与刨花，在阳光的照射下，纷纷向江中落去。

突然，一个小伙子指着江中惊叫起来："你们看！"大伙一齐向江中看去，只见从窗口飞出的木屑和刨花一起落入江里，变成了欢游嬉闹的鱼群。

黄鹤楼上来了个神仙，木屑和刨花变成了鱼的消息很快在工匠中传开了。大家都争先恐后地跑到江边去看，果然，从楼上窗口飞下来的木屑、刨花，落到江中就成了活鱼。工匠们连忙找来篓筐捞起鱼来。

他们看到木屑变成头厚、尾薄的窄条状鱼，就取名叫"杉木屑鱼"；刨花变成宽而扁平的鱼，就取名叫"刨花鱼"，又叫鲃鱼。

当人们赶忙上楼向"神仙老人"道谢时，那老人早已不见了。只见一条木工凳上摆着一捆木楔，下面压着一张用木炭写着的字条：

木楔一百零八块，精心收藏待安排。

刨花木屑成鲃鱼，可度饥荒筑楼台。

——鲁　班

木匠见此字条，方知是祖师鲁班来解大难，无不感激之至，有杉木屑和刨花变的鱼充饥，工地上的建筑工作又忙碌起来，工程的进度也加快了。就在黄鹤楼快要竣工时，做好的梁架不是歪的，就是装不紧，怎么也摆弄不好，大家正在着急，主建工匠突然记起了祖师鲁班留下的一百零八块木楔，忙找了出来，他们见歪的、松的榫头，就垫一块木楔，说来也巧，鲁班一百零八块木楔不多也不少，不大也不小，刚好楔好每个歪斜的部位，没过两天，一座美观雄伟的黄鹤楼四平八稳地屹立在长江边上。“鲃鱼”也流传至今。

鲦鱼

阴崖古木挂藤萝，下有神龙阅世多。
荇带水衣闲自舞，鲦鱼石蟹戏相过。
岂知霖雨为何事，自喜红尘不到他。
落叶满林送去路，牧童相引到山阿。

——《上泉》（南宋）项安世

一、食材基本特性

拉丁文名称，种属名

鲦鱼（*Hemiculter lcucisculus*），又名白料、白参、参鱼、白肉条鱼等。鲦鱼是鲤形目鲤科鲦属鱼类。

形态特征

鲦鱼体背部淡青灰色，体侧及腹部银白色，尾鳍边缘灰黑色。下咽齿3行，圆锥形，末端尖而带钩形，侧线鳞45~57片，侧线在胸鳍基部的后上方突然向下弯折，成一明显的角度。背鳍Ⅲ7，具有光滑的硬刺，长约为头长的2/3，背鳍起点在腹鳍起点的后上方。胸鳍不达腹鳍；腹鳍不达肛门。臀鳍Ⅲ11~14。尾鳍分叉深，下叶较上叶略长。

鲦　鱼

习性，生长环境

鲦鱼广泛分布于我国各大淡水水系，栖息于河流、湖泊中。多以藻类、高等植物碎屑、甲壳动物及昆虫等为食。鲦鱼是群居的，从春至秋常群集于沿岸水面游泳，行动迅速，以群体中的强者为首领，首领游向何方，其他的鲦鱼就跟到那里，鲦鱼利用集体的力量维持种群的延续。

二、营养及成分

鲦鱼肉含有热量、蛋白质、脂肪等营养物质。每100克鲦鱼的部分营养成分见下表所列。

蛋白质	17克
脂肪	3.4克

鲦鱼还含有各类维生素、胆固醇，还含微量元素钾、钠、钙、磷、镁、铁、锌、硒等。

三、食材功能

性味 味甘，性温。

归经 大肠、胃、心经。

功能

（1）鲦鱼，温中散寒、暖胃、补虚止泻，对阳气虚弱、畏寒、疲倦、四肢乏力、便溏等症辅助食疗效果佳。

（2）鲦鱼具有亮发、提高免疫力、健脑明目、有益心血管、和胃、养颜护肤、通血、滋阴补虚的功效。

（3）鲦鱼含有丰富的营养元素，其蛋白质、维生素、矿物质含量丰富，还富含多种微量元素，有散寒、温中补虚、止泻等功效，对于阳虚体虚胃弱者有良好的食疗作用，对久病初愈者也有很好的滋补强身功效。

四、烹饪与加工

青椒烧咸鲦鱼干

（1）材料：鲦鱼干、青椒、黄酒、陈醋、红辣椒籽、盐、食用油、调味料等。

（2）做法：取咸鲦鱼干10条左右，放入凉水中浸泡10分钟后洗净放入盘中备用；取青椒1个，洗净后去籽斜切成粗青椒丝；开大火将锅烧热，在锅内加入适量食用油，将咸鲦鱼放入油锅之中煸炒；加入3勺黄酒、1勺陈醋以及适量清水，盖上锅盖烧，烹饪9分钟；然后揭开锅盖，加入切好的青椒和红辣椒籽，放入锅中翻炒均匀；同时加入少许清水，盖盖继续焖烧5分钟左右；开盖翻炒两三下即可出锅装盘。

红烧鲦鱼

红烧鲦鱼

（1）材料：鲦鱼、红辣椒、葱、姜、蒜、盐、食用油、调味料等。

（2）做法：鲦鱼去除鱼鳞、鱼鳃、内脏，洗净后控水；辣椒去籽切块、葱切段、蒜瓣去皮切碎；将鱼沥干后，鱼身裹上薄薄一层面粉；热锅，然后倒入油，将油烧热后，沿着锅边慢慢放入鱼，这样煎鱼不粘锅，小火慢慢油煎至鱼两面金黄色即可；所有的鱼煎好后，稍稍控油后装入盘子中备用；锅中留点底油，加入红辣椒、葱和蒜瓣炒出香味；加入盐和酱油，加入辣椒粉和十三香，充分翻炒入味；放入鲦鱼，加入适量清水、醋和料酒到鱼身上；加水，大火烧开后，转小火煮鱼，大约煮8分钟，煮至鱼汤干了即可关火。

五、食用注意

患有皮肤病者不宜食用。

鲦鱼“刺”的来历

现在的鲦鱼尾前有一根硬刺，关于这根硬“刺”的来历，有则有趣的传说。

宋朝，有一对表兄弟，一个叫宋文中，一个叫刘文龙。表兄刘文龙娶了一个如花似玉的老婆，婚后夫妻恩爱异常。宋文中因垂涎表嫂的美色而起了不轨之心。这一年京城开考，表兄弟二人上京赶考，途中刘文龙突生大病，宋文中一看机会来了，就把刘文龙骗到山沟边，趁其不备将其推到山沟摔死，回去还模仿刘文龙的笔迹写了一封信，说自己不幸得病，要求妻子改嫁给表弟。

宋文中折返回到家就把这封信交给了刘文龙妻子，妻子看后心头生疑：丈夫和自己恩爱异常，他怎会在生病期间就要我改嫁？生病之前就晓得他这个病不得好吗？所以她誓死不肯，说要等她守孝三年后再说。

话说当日刘文龙被推到山沟里并没有被摔死，过了一夜，被轿夫救起。因为科考临近所以先赶去京城参加考试，后考中状元又出任到地方为官，三年后才又回来了。

回到家后，刘文龙的妻子看见他大惊失色，刘文龙看到妻子一脸惊讶的样子，便好奇地问道：“我这么多年才回来，你怎么还不高兴呢？”

妻子平静了心情后答道：“你去京中求官，得中京官，真是可喜啊，可你为何写个休书，要我改嫁你表弟，一妇怎能侍得二夫呢！”

刘文龙一听说：“胡说，哪有此事。”

妻子说：“你不承认，你的书信在这里。”

他说："你把信拿给我看！"

对完信件，说清原委，才知这信件是表弟宋文中模仿他的，害兄抢嫂都是他所为，刘文龙勃然大怒，立马去找宋文中算账！

宋文中听说表兄回家来了，四处躲藏，这天当他看到表兄来到家中，吓得撒腿就跑。他向东海边入海口的旷野里跑，当他溜到沙滩边时，刘文龙搭起一箭，射中他屁股，宋文中一头栽进河里死了。

民间传说，这个鲦鱼就是宋文中变的，屁股后头一根箭，就是刘文龙射上去的。

鯮鱼

松江蟹舍主人欢，菰饭莼羹亦共餐。
枫叶落，荻花干，醉宿渔舟不觉寒。

——《渔父歌》（唐）张志和

一、食材基本特性

拉丁文名称，种属名

鯮鱼（*Luciobrama macrocephalus*），又名尖头鳡、马头鯮、鸭嘴鯮、剑鳡等。鯮鱼是鲤形目鲤科雅罗鱼亚科鯮属鱼类。

形态特征

鱼体细长，略呈圆筒形，尾柄粗壮。背缘平直，腹部圆。头长而尖，前部略呈管状，后部侧扁。吻长，似鸭嘴，吻长为眼径的2~2.5倍。口端位，口斜裂。上颌骨伸达眼前缘的下方或稍后。眼较小。眼间宽而平，约为眼径的2倍，眼后有透明的脂肪体。鳃盖膜于颊部相连。鳞小而薄。侧线略呈弧形，向后延伸至尾鳍基。背鳍短小，位置极后；臀鳍起点与背鳍末端相对；胸腹鳍均短小；尾鳍深叉状，下叶长。鳔2室，后室长约为前室2倍。肠短，短于体长。腹膜灰黑色。体背深灰，体侧及腹面银白，背鳍灰黄，其他鳍及尾鳍下叶红色。

习性，生长环境

鯮鱼主要分布在我国长江、闽江和珠江等水系。因其大多数时间在

鯮　鱼

水下活动，隐蔽性强，很难被发现。鲸鱼不但性情凶猛且贪食，它对养殖业的危害不亚于鳡鱼，是当之无愧的“水下霸王”。

二、营养及成分

鲸鱼肉含有热量、蛋白质、脂肪等营养物质。每100克鲸鱼的部分营养成分见下表所列。

蛋白质	18克
脂肪	4.5克

鲸鱼还含有少量胆固醇，以及各类维生素，还含钙、镁、铁、锰、锌、铜、钾、磷、钠、硒等元素。

三、食材功能

性味 味甘，性平。

归经 归脾经、胃经。

功能

（1）鲸鱼对于高血压、动脉粥样硬化具有一定的预防作用。

（2）鲸鱼含有丰富的不饱和脂肪酸，对血液循环有利，因此可以通过改善血液循环，消除人体内过多的氧自由基而起到防治高血压、动脉硬化等心血管疾病的作用，适宜于心血管病人食用。

（3）对于身体瘦弱、食欲不振的人来说，鲸鱼肉嫩而不腻，具有开胃、滋补的功能。

（4）鲸鱼含有丰富的硒元素，经常食用有抗衰老、养颜的功效，而且对肿瘤细胞也有一定的抑制作用。

四、烹饪与加工

豉汁蒸赤鯮鱼

（1）材料：赤鯮鱼、蒜蓉豉汁酱、生姜、盐、食用油、调味料等。

（2）做法：生姜洗净去皮，切片，铺放在鱼盘；将赤鯮鱼洗净，放在姜片上；将适量的蒜蓉豉汁酱涂抹在鱼身上，放入蒸锅；旺火蒸12分钟，熄火揭盖，取出鱼盘，倒去鱼盘里的水；淋上滚热的油和适量的生抽，即可食用。

干煎赤鯮鱼

（1）材料：赤鯮鱼、盐、胡椒粉、调味料等。

（2）做法：先将鱼去内脏洗干净，用刀在鱼身上划出几道斜刀，鱼抹盐腌制；然后热锅，下少许油烧热，再将鱼轻轻放入，等到有点焦黄，轻晃锅，用铲子将鱼翻面，煎到表面完全金黄，鱼眼全白，尾鳍带点焦黄，划刀部分蹦开里面肉；最后鱼出锅时，两面均匀撒点盐和胡椒粉，再挤上一点柠檬汁，即可食用。

五、食用注意

痛风患者、皮肤病患者慎用。

东山岛的美食

东山岛位于福建南部沿海地区，是福建省著名的风景名胜区之一。这里不仅风景优美，人们还能品尝到东山岛当地的招牌海鲜——东山海鱼。

东山海鱼以赤鯮鱼为主，自古以来被人们视为珍品，跻身国内十大最好吃的鱼类之一。

赤鯮鱼非常适合红烧、炖汤、香煎！它含有极高的蛋白质，体丰肉嫩，无腥味，营养丰富，素有“海鸡”之称。加上鱼体呈红色，寄有吉利、年年有余的寓意，所以受到人们的喜爱。更为特别的是，别的河鲜有些人吃了会过敏，但是吃了赤鯮反而能改善过敏体质，十分神奇。

鳡鱼

小男供饵妇搓丝，溢榼香醪倒接䍦。
日出两竿鱼正食，一家欢笑在南池。

——《南池》（唐）李郢

一、食材基本特性

拉丁文名称，种属名

鳡鱼（*Elopichthys bambusa*），又名黄鳟、黄钻、黄颊鱼、竿鱼、水老虎、大口鳡、鳏等。鳡鱼是鲤形目鲤科雅罗鱼亚科鳡属鱼类。

形态特征

鳡鱼体细长，亚圆筒形，头尖长。吻尖，呈喙状。口大，端位，下颌前端正中有一坚硬突起与上颌凹陷处相嵌合。无须，眼小，稍突出。下咽齿3行，齿末端呈钩状。鳞细小，背鳍较小，其起点位于腹鳍之后；尾鳍分叉很深。体背灰褐色，腹部银白色，背鳍、尾鳍深灰色，颊部及其他各鳍淡黄色。体型比它小的鱼类都是他的食物。

习性，生长环境

鳡鱼在我国分布广泛，除西北、西南外，大部分平原地区的河流中均有分布。鳡鱼是一种大型食肉鱼类，也是一种淡水经济鱼类。游泳能力极强，常袭击和追捕其他鱼类，其性格比黑鱼、鳜鱼等食肉鱼更为凶猛。鳡鱼很贪食，不分荤素，有食就抢，有时竟能吞食比它嘴还大的鱼类，专以各种鱼类为食（包括吃黑鱼），是淡水鱼的大敌。

鳡　鱼

鳜鱼属于广温型品种，对水温不敏感，能在较广的水温下生存，其最适宜生长水温为30摄氏度，适合中国的大部分地区养殖。

二、营养及成分

鳜鱼肉含有热量、蛋白质、脂肪等营养物质。每100克鳜鱼的部分营养成分见下表所列。

蛋白质	19.45克
脂肪	3.35克
磷	173.5毫克
钙	17.5毫克
维生素 B_3	1.7毫克
铁	0.7毫克
维生素 B_2	0.2毫克

三、食材功能

性味 味甘，性温。

归经 归脾经、胃经。

功能

(1) 鳜鱼肉入药具有暖中、益胃、止呕的功效，主治脾胃虚弱、反胃吐食等症，宜常服。

(2) 鳜鱼具有防治高血压、动脉硬化的作用。鳜鱼肉不饱和脂肪酸含量较高，对高血压、动脉粥样硬化等心血管疾病有一定的预防作用。

(3) 鳜鱼肉嫩细腻，适合身体瘦弱、食欲不振的人食用，具有开胃、滋补之效。

四、烹饪与加工

红烧鳡鱼

（1）材料：鳡鱼、生姜、大蒜叶、香菜、盐、食用油、调味料等。

（2）做法：将鳡鱼清洗干净，切成大小合适的鱼块，用盐、姜片，料酒腌制大约30分钟；锅内油烧热，放入腌制好的鳡鱼块，用中小火煎至两面金黄；加入米酒、酱油、白糖、辣椒、适量水小火煮；根据个人口味加入大蒜叶、香菜叶、鸡精调味即可出锅。

红烧鳡鱼

清蒸鳡鱼

（1）材料：鳡鱼、淀粉、生姜、料酒、大蒜、盐、食用油、调味料等。

（2）做法：将鳡鱼清洗干净后，根据鱼身大小可切断也可不切，放入盘子中；将食盐、味精、生姜、料酒、大葱等放入盘中，隔水大火蒸熟；将蒸出来的汤汁倒入锅中，加入淀粉勾芡；将烧好的汤汁浇在鳡鱼身上即可。

五、食用注意

鳡鱼一般人群都是可以食用的，尤其是对于那些脾胃虚弱、反胃呕吐的人来说，更是一种缓解不适症状的佳品。不过，需要注意的是，并不是所有的人群都可以食用鳡鱼，对于有疮疥的患者来说，一定要忌食。

狮子潭中鳡鱼精的传说

狮子潭，原叫黑水潭，潭水深不见底。过去，这里怪石嶙峋，犬牙交错。水面上阴风怒号，黑浪滔滔。水底下的青石岩中，有一个中空的大石洞，洞里住着一条一丈七八尺长的大鳡鱼。鳡鱼，又叫黄钻，是一种粗圆长大、青蓝带黄黑、尖嘴叉尾、专吃鱼类的凶猛淡水鱼，据说，它是在一次特大的山洪暴发中，从大江河逆水而上到这里，经千百年修炼，成了精怪。它经常在阴雨天气中兴风作浪，乘机吃人，作恶多端，使江谷河两岸百姓深受其害，骨肉离散，受尽灾难。

在离黑水潭不远的山里，有一个百花村。村里有一个青年猎手，名叫阿狮。他生得身材高大，壮实威猛，力气过人；十八般武艺，无所不精；爬山潜水，样样皆能。方圆百里的精灵妖怪，豺狼虎豹，闻声无不胆寒，避之极。这天阴风阵阵，细雨连绵，阿狮正在山上打猎。忽听得黑水潭方向传来阵阵女子凄厉的呼救声。阿狮道：不好，有人掉进黑水潭了，不会又是鳡鱼精作恶吧？阿狮想到这里，便紧握猎叉，飞奔下山。果然，黑水潭里浊水滚滚，黑浪滔天。一个十八九岁的姑娘正在水中挣扎，一条凶悍滚圆的鳡鱼出没在黑浪浊水中。“孽畜，休要作恶！”随着阿狮一声大吼，一杆钢叉便箭也似的飞向鳡鱼，正中鱼尾。鳡鱼精“哎呀”一声惨叫，丢下姑娘，忍着伤痛，潜入潭底逃生去了。

原来，这姑娘叫瑞莲，家住山外江谷河边，离黑水潭不远。她十八年华，长得俊俏，亭亭玉立。这日上山砍柴割草，被鳡鱼精暗算了。自从瑞莲被阿狮救出后，两人互生爱慕之情并结为夫妇。

一天瑞莲外出经过小桥，当她正在桥边拾捡一把掉在水边的小扇时，一个黑影迅速将她拖进水中。直到天黑，阿狮在家仍不见瑞莲回来，他四处寻找，最后在水边一方大青石上看到了死去的瑞莲，原来那个拖瑞莲入水的正是鳡鱼精，自从上次瑞莲被救走，他对瑞莲一直念念不忘，抓住瑞莲后毒打逼迫，让其改嫁给他，瑞莲宁死不从，趁鳡鱼精不备，跃入深水中……阿狮悲痛欲绝，一遍遍抚摸着亡妻的脸庞，发誓要为瑞莲报仇。他手握猎叉，日夜巡逻在黑水潭边。后来，他干脆蹲在水边，怒视水面，等候鳡鱼精出现。日久天长，鳡鱼精再也不敢上岸作恶了……

听老一辈人说，过去黑水潭每逢清明节前后，都会听到远处传来的隐隐约约的啪哒声，那是鳡鱼精又想娶亲了。但总是过不了阿狮那一关！不过，现在黑水潭已经被人们叫作“狮子潭”，也许是为了纪念阿狮和瑞莲的爱情故事吧。狮子潭边有一座狮子山，形状酷似一头坐伏在水边的雄狮，十分威武。人人都说，狮子山是阿狮变的。狮子潭里有很多水獭，它们最爱吃鱼，尤其爱吃鳡鱼。据说这水獭是瑞莲变的。

鳙鱼

越绝孤城千万峰，空斋不语坐高春。
印文生绿经旬合，砚匣留尘尽日封。
梅岭寒烟藏翡翠，桂江秋水露鳎鳙。
丈人本自忘机事，为想年来憔悴容。

——《柳州寄丈人周韶州》
（唐）柳宗元

一、食材基本特性

拉丁文名称，种属名

鳙鱼（*Aristichys nobilis*），又叫花鲢、胖头鱼、包头鱼、大头鱼、黑鲢、麻鲢、雄鱼等。鳙鱼是鲤形目鲤科鲢亚科鳙属鱼类。

形态特征

鳙鱼体侧扁，身较高，腹部在腹鳍基部之前较圆，其后部至肛门前有狭窄的腹棱。头极大，前部宽阔，头长大于体高。吻短而圆钝。口大，端位，口裂向上倾斜，下颌稍突出，口角可达眼前缘垂直线之下，上唇中间部分很厚，无须。眼小，位于头前侧中轴的下方，眼间宽阔而隆起，鼻孔近眼缘的上方。下咽齿平扁，表面光滑。鳃耙数目很多，呈页状，排列极为紧密，但不连合。有发达的螺旋形鳃上器，鳞小。侧线完全，在胸鳍末端上方弯向腹侧，向后延伸至尾柄正中。

鳙　鱼

习性，生长环境

鳙鱼生长在淡水湖泊、河流、水库、池塘里。多分布在水域的中上层，是中国特有鱼类，在中国分布广泛。鳙鱼是池塘养殖及水库渔业的主要品种之一，经济价值较高。

二、营养及成分

鳙鱼肉含有热量、蛋白质、碳水化合物、脂肪等营养物质。每100克鳙鱼的部分营养成分见下表所列。

蛋白质	15.4克
碳水化合物	4.8克
脂肪	2.3克
钾	230毫克
磷	180毫克
钙	80毫克
钠	59.9毫克
镁	25.8毫克
维生素D	20毫克
维生素B_2	11毫克
维生素B_3	2.8毫克
维生素E	2.7毫克
维生素C	2.6毫克
铁	0.8毫克
锌	0.8毫克
锰	0.1毫克
铜	0.1毫克

三、食材功能

性味 味甘，性温。

归经 归胃经。

功能

（1）鳙鱼肉营养丰富，属于高蛋白、低脂肪、低胆固醇鱼类，对心血管系统有保护作用，起到治疗耳鸣、头晕目眩的作用。

（2）富含磷脂及改善记忆力的脑垂体后叶素，脑髓含量很高，常食有助于暖胃、祛头眩、益智商、助记忆、延缓衰老以及润泽皮肤。

四、烹饪与加工

水煮鱼

（1）材料：鳙鱼、番茄、番茄酱、姜、葱、胡椒、盐、料酒、白糖、芫荽籽、胡椒面、鸡汁、花椒、芝麻、食用油等。

（2）做法：鱼肉取出，切片，鱼头鱼骨砍小块；在番茄上面划上一小刀，再用开水泡一下，直接剥皮，然后把番茄切成小块；鱼加入姜、葱、料酒、盐、胡椒码味，起锅先倒一点色拉油，再混合一些猪油；把番茄酱加姜米，小米椒炒香炒出颜色，锅里的油变成红色之后，下番茄炒，炒到番茄融烂为止，加水，水开之后先下鱼头和鱼骨熬汤；当锅里的汤再一次开的时候，把鱼片丢下去；加入白糖、芫荽籽、胡椒面、盐、鸡汁、花椒调味，在碗里面撒点芝麻，再把鱼倒进碗里面，撒上葱花即可。

浓汤鳙鱼头

（1）材料：鳙鱼头、豆腐、香菜、姜丝、料酒、食用油、胡椒粉、鸡精、盐、枸杞等。

（2）做法：将鳙鱼头洗净，去鳃，对半切开，豆腐切块；起锅烧油，放入姜丝和鳙鱼头以文火煎至两面金黄，加入料酒、适量开水转大火煮沸后改小火，慢慢熬汤至汤显奶白色，加入香菜、胡椒粉、盐调味，撒入枸杞盛出即可。

浓汤鳙鱼头

黄豆酱焖鱼块

（1）材料：鳙鱼、黄豆酱、盐、小葱、生抽、蚝油、干辣椒、大蒜、面粉、料酒、胡椒粉、食用油等。

（2）做法：将鳙鱼清理干净之后，将鱼头剁下来，留着做剁椒鱼头；接着将鱼身剁成小块，放入盆中，加入1汤匙食盐、1汤匙胡椒粉、2汤匙料酒、面粉50克，然后用手抓匀；再起锅加油烧热，将鱼块炸熟至表面焦黄，盛出备用；接着起锅加油烧热，放入蒜末小火炒香，再放入2汤匙黄豆酱、1汤匙生抽、1汤匙蚝油，小炒一下；加入2碗清水，煮开后放入炸好的鱼块，小火焖至鱼块变软，翻炒均匀即可出锅，出锅后撒上葱花即可。

五、食用注意

（1）鳙鱼不宜食用过多，否则容易引发疮疥。

（2）鳙鱼性偏温凉，热病及有内热者、荨麻疹患者、癣病者、瘙痒性皮肤病患者应忌食。

（3）鳙鱼胆性味苦寒，有毒，不宜食有，一般用以静脉注射有短暂降压作用，但降压有效剂量与中毒剂量非常接近，故临床上使用需要慎重。

乾隆与“胖头鱼头烧豆腐”

俗语云：“胖头之美在于头。”民间也有“胖头鱼头，肉馒头”一说，胖头鱼头是历来被美食家所推崇的鱼头之一。

清乾隆年间，乾隆皇帝曾多次巡行江南。一次在杭州吴山微服游玩时，忽然天降大雨，势如倾盆。乾隆被淋得像个落汤鸡，万般无奈，只好跑到山中一户人家的屋檐下避雨。时近中午，乾隆又饿又冷，只好进屋求主人给弄点吃的。这户人家的主人王小二热情招待了乾隆，只是由于家中贫困，又无准备，就把家里仅有的一个胖头鱼头和一块豆腐做了个鱼头豆腐菜。菜上桌后，乾隆尝了一口，鲜美异常，为宫中所不见。饭后，雨过天晴，乾隆问过主人姓名，告别而去。乾隆回到京城后，曾多次让御膳房做这道菜，可是，不管御厨怎么下功夫，没有一次能赶上王小二做得那么好吃。后来，乾隆又来杭州，想起上次遇雨一事，记起了王小二一饭之饷，便派人找来王小二，并赏了他很多银两。

受到乾隆重赏之后的王小二开了一家后来誉满杭州城的“王润兴饭馆”，并在鱼头豆腐这个起家菜上狠下功夫，其他菜馆一见，也争相学习烹制鱼头豆腐。于是，此菜越做越精，最后成了一道杭州名菜。

泥鳅

枕流方采北山薇，驿骑交迎市道儿。
雾豹只忧无石室，泥鳅唯要有洿池。
不羞莽卓黄金印，却笑羲皇白接䍦。
莫负美名书信史，清风扫地更无遗。

——《余卧疾深村闻一二郎官今称继使闽越笑余迂古因成此篇》（唐）韩偓

一、食材基本特性

拉丁文名称，种属名

泥鳅（*Misgurnus anguillicaudatus*），又名鱼鳅、泥鳅鱼、拧沟、泥沟娄子等。泥鳅是鲤形目鲤亚目鳅科花鳅亚科泥鳅属。

形态特征

泥鳅相比于其他淡水鱼形体小，细长，只有三四寸，且体形圆，身短，皮下有细小鳞片，鱼身青黑，浑身布满黏液，因而滑腻无法握住。前段略呈圆筒形。后部侧扁，腹部圆，头小、口小、下位，马蹄形。眼小，无眼下刺。须5对。鳞极其细小，圆形，埋于皮下。体背部及两侧灰黑色，全体有许多小的黑斑点，头部和各鳍上亦有许多黑色斑点，背鳍和尾鳍膜上的斑点排列成行，尾柄基部有一明显的黑斑。其他各鳍灰白色。

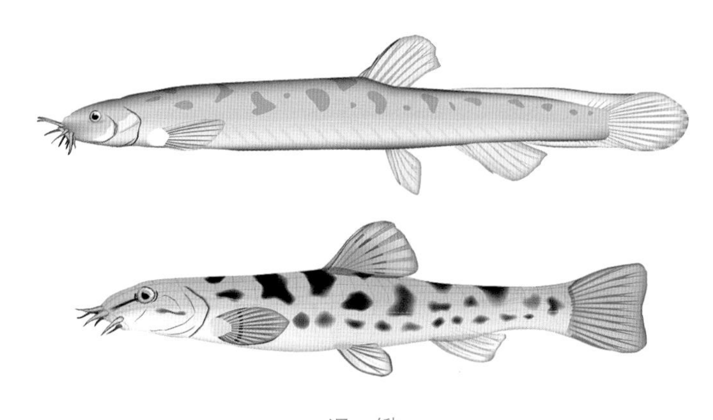

泥　鳅

习性，生长环境

泥鳅广泛分布于中国、日本、朝鲜、俄罗斯及印度等地。在我国分布广泛，尤其以南方分布较多，北方不常见。全年都可捕获，夏季最

多。泥鳅可鲜用或烘干用，可食用、入药。泥鳅被称为“水中之参”，是营养价值很高的一种鱼，其无论外表、体形、生活习性都和其他的鱼不相同，是一种特殊的鳅类。

二、营养及成分

泥鳅肉含有热量、蛋白质、脂肪等营养物质。每100克泥鳅的部分营养成分见下表所列。

蛋白质	18克
脂肪	2.1克
碳水化合物	1.7克

泥鳅还含有A、B_1、B_2、B_3、E等维生素以及钾、钙、钠、镁、锰、铁、铜、磷、硒等元素和多种氨基酸。此外，泥鳅还含有西河洛克蛋白质，这种蛋白质能强精补肾，有益身体健康。

三、食材功能

性味 味甘，性平。

归经 归脾经、肝经、肾经。

功能

（1）具有补中益气、除湿退黄、益肾助阳、祛湿止泻、暖脾胃、疗痔、止虚汗之功效。泥鳅营养成分含量较高，蛋白质、糖类、矿物质（钙、磷、铁）、维生素（VB、VA、VC）均比一般鱼虾高，而且其脂肪成分较低，胆固醇更少，并含有草碳戊烯酸的不饱和脂肪，性凉，夏天吃最好。

（2）泥鳅对于降低转氨酶有一定疗效，可用于肝炎防治，以及用于治疗传染性肝炎等疾病。能减轻肝炎患者乏力、厌食油腻、恶心等症状，有益于肝脾肿大消退和肝功能恢复正常。疗效明显优于一般保肝药，特别是对急性肝炎患者疗效更为显著，可以促使黄疸迅速消退，转氨酶下降，对慢性肝炎的肝功能恢复同样有较好的改善作用。

四、烹饪与加工

红烧泥鳅

（1）材料：泥鳅、葱段、姜片、精盐、鸡精、酱油、白糖、料酒、植物油、大蒜、红辣椒等。

（2）做法：泥鳅去除内脏洗净；起锅烧油，加入辣椒，姜蒜爆香后下入泥鳅，加料酒、老抽，生抽，大蒜、盐和糖翻炒后加水，没过鱼肉，大火煮15分钟转小火收汁，加入鸡精，撒上葱段出锅装盘。

红烧泥鳅

泥鳅豆腐煲

（1）材料：泥鳅、豆腐、姜丝、葱花、盐、枸杞、食用油等。

（2）做法：将豆腐切成小块；除去泥鳅的内脏并清洗干净；将泥鳅略煎一下，放入砂锅，加入适量清水和姜丝，以小火煮20分钟，再放入葱花、盐，稍煮一下即成；豆腐要最后放入，这样才能保持鲜嫩。与枸杞一起炖补，可以起到很好的滋补效果。

五、食用注意

阴虚火盛者忌食。

泥鳅钻豆腐的传说

传说在清朝咸丰年间，浙北归安县练溪镇上，有一个贫苦的篾竹匠叫林二毛，与双目失明的老母亲一起艰难度日。由于篾竹活是蹲着干的，久而久之，林二毛得了严重的痔疾。每当痔发，他坐立不安，痛苦不堪，因无钱治疗，只得忍着。

林二毛的邻居黄文山是个渔民，捕鱼时经常捉到一些泥鳅，大的卖掉，小的留下自己吃，有时也送一些给林二毛家。有一天，黄文山又送来小泥鳅，恰好放在一盆豆腐边上，小泥鳅跳到了豆腐盆子里，林二毛的盲眼母亲不知道，一股脑儿倒入锅里煮了。待煮熟揭开锅，一股鱼香扑鼻，林二毛一看，小泥鳅都钻进豆腐里去了，只有尾巴留在外边。一尝味道，十分鲜美。从此，只要邻居黄文山送来小泥鳅，林二毛都要母亲把它们与豆腐同煮。更奇妙的是，一段时间后，林二毛的痔疾竟大大好转。后来，这道菜很快在当地民间传开，被称为“泥鳅钻豆腐”。

“泥鳅钻豆腐”原名“汉宫藏娇”，是江西名菜，以豆腐形容貂蝉之纯，以泥鳅比喻董卓奸猾。

湟鱼

群全何日举舟师，玉海瑶山欲霁时。
正是严冬当设脍，老翁香饭必先炊。

——《雪霁捕鱼图》（北宋）

朱翌

一、食材基本特性

拉丁文名称，种属名

湟鱼（*Gymnocypris przewalskii*），又名高原裸鲤、花斑裸鲤、花鱼、狗鱼、无鳞鱼等。湟鱼是鲤形目鲤科裂腹鱼亚科裸鲤属鱼类。

形态特征

湟鱼体长，稍侧扁，头锥形，吻钝圆，口裂大，亚下位，呈马蹄形。上颌略微突出，下颌前缘无锐利角质。下唇细狭不发达，分为左右两叶；唇后沟中断，相隔甚远；无须。眼稍小，侧上位，眼间较宽。颏部和颊部的黏液腔发达。体裸露无鳞，肩鳞明显，为2～3行不规则的鳞片；肛门和臀鳍两侧各有1列发达的大鳞，每列21～32枚，向前达到腹鳍基部，自腹鳍至胸鳍中线，偶有退化鳞的痕迹。侧线平直，侧线鳞前端退化成皮褶状，后段更不明显。背鳍具发达而后缘带有锯齿的硬刺。腹鳍起点一般与背鳍第二或第三分枝鳍条基部相对。肛门紧邻臀鳍起点。胸鳍末端可伸达胸鳍起点至腹鳍起点之间距离的2/3至3/4处。臀鳍较长。尾鳍叉形。性成熟雄性个体背鳍基底较长，胸鳍和腹鳍也较雌性

湟　鱼

个体为长。体背部呈黄褐色或灰褐色，腹部呈浅黄色或灰白色，体侧有少数大型不规则的块状暗斑；各鳍均带浅红色或浅灰色。繁殖季节，性成熟雄性个体的吻部和臀鳍、尾鳍以及体后部均有白色颗粒状的珠星。

习性，生长环境

湟鱼主要分布于青海湖及其支流中，黄河上游、西藏南部高原湖泊内及柴达木盆地奈齐河水系，克鲁克湖、扎陵湖、鄂陵湖也有出产。它是青海省极为重要的经济鱼类。冬季湟鱼在有岩石的深水处越冬。

二、营养及成分

湟鱼肉含有热量、蛋白质、脂肪等营养物质。每100克湟鱼的部分营养成分见下表所列。

蛋白质	18克
脂肪	2.4克
碳水化合物	2克
钾	330毫克
磷	220毫克
钠	120毫克
胆固醇	75毫克
钙	60毫克
镁	15毫克
维生素B_3	1.5毫克
铁	1.5毫克
锌	1.5毫克
维生素E	1.2毫克
维生素B_2	0.2毫克
铜	0.1毫克
锰	0.1毫克

三、食材功能

性味 味甘，性微温。

归经 归胃经、肺经。

功能

（1）养肝补血：湟鱼中微量元素、维生素含量较高。含有磷、钙、铁等无机盐及大量的维生素A、维生素D、维生素B_1、烟酸。这些都是人体需要的营养素，有养肝补血、美肤养发的功效。

（2）降低胆固醇：湟鱼脂肪含量较低，且多为不饱和脂肪酸，具有降低胆固醇的作用。

（3）保护心血管：湟鱼含有丰富的镁元素，对心血管系统有很好的保护作用，有利于预防高血压、心肌梗死等心血管疾病。

（4）滋补安胎：湟鱼富含B族维生素，有滋补健胃、利水消肿、通乳、清热解毒、止嗽下气的功效，对各种水肿、浮肿、腹胀、少尿、黄疸、乳汁不通皆有效；食用湟鱼对孕妇胎动不安、妊娠性水肿有很好的疗效。

湟　鱼

四、烹饪与加工

清蒸湟鱼

（1）材料：湟鱼、葱、姜、蒜、盐、食用油、调味料等。

（2）做法：清理并洗干净湟鱼；切碎小葱、姜和大蒜；烧热锅，加油，爆香小葱、姜和大蒜；把湟鱼放进锅里，沿锅边倒入料酒和醋；开大火，使其迅速蒸发，达到消除腥味的目的；加水，煮沸，然后加入盐和糖调味；用小火煮约10分钟，加入味精即可。

红烧湟鱼

（1）材料：湟鱼、葱、姜、蒜、花椒粒、辣椒、黄酒、老抽、白糖、盐、食用油等。

（2）做法：去除湟鱼内脏和腮，洗净抹少许盐腌几小时；热锅倒入菜籽油，烧热后放湟鱼煎；两面都煎成金黄色即可；湟鱼煎好后，放入葱、姜、蒜、花椒粒、辣椒，油锅里爆出香味；锅中加黄酒、老抽、白糖、醋、少许盐（之前鱼用盐腌过），加入水，大火烧开，转小火慢炖；炖40分钟，收汁装盘即可。

五、食用注意

皮肤病及痛风患者少食或慎食。

“神鱼”的传说

“神鱼”的学名叫高原裸鲤，因平时生活在圣湖玛旁雍错中，所以也被称为玛旁雍错鱼，但当地人和游客们更喜欢把这种鱼称为“神鱼”，究竟为何称其为“神鱼”？

玛旁雍错海拔4588米，湖面面积为412平方千米，是世界上高海拔地区的巨大淡水湖之一，被称作圣湖。据传说，印度圣女曾在此湖中沐浴，所以湖水具有化解五毒之功效。当地流传着许多关于“神鱼”的传说，最有名的一个是说贡珠错湖中曾经住着一条巨大的金鱼，某一天浮上水面后无法下沉到湖中，它便游到玛旁雍错，仍无法下沉，到拉昂错后，才将自己沉入水中，后来便一直生活在那里。

“神鱼”可以治病，其中最主要的两类病是难产和水肿。不只是治人的病，而且可以治牛羊的病。当牛羊难产，牧民们就会把“神鱼”拿出来，熬煮鱼汤，然后再给难产的牛羊灌入，据说效果非常好。

鲈鱼

江上往来人，但爱鲈鱼美。
君看一叶舟，出没风波里。

——《江上渔者》
（北宋）范仲淹

一、食材基本特性

拉丁文名称，种属名

鲈鱼（*Lateolabrax maculatus*），又名鲈花鱼、鲈板鱼、鲈子鱼、寨花鱼、四腮鱼、鲁鱼、花麋鱼等。鲈鱼是鲈形目真鲈科花鲈属鱼类。

形态特征

鲈鱼身体较长，体侧扁，口较大，上颌稍短于下颌，前腮盖骨的后缘生有细锯齿，其后角下缘具有三枚大刺。鳃盖骨后端有一刺。体披小栉鳞，背鳍两个，第一背鳍约有12根硬刺，第二背鳍由13根软刺组成，胸位生腹鳍。尾鳍成叉形，一般体重在1.2~2.8千克，最大的个体可达15千克以上。

习性，生长环境

鲈鱼性凶猛，以鱼、虾为食。主要分布于中国沿海及通海的淡水水体中，其中以黄海、渤海较多，青岛、石岛、秦皇岛及舟山群岛等地是鲈鱼在我国的主要产地，渔期为春、秋两季，每年的10—11月份为盛渔期。

鲈　鱼

二、营养及成分

鲈鱼肉含有热量、蛋白质、脂肪等营养物质。每100克鲤鱼的部分营养成分见下表所列。

蛋白质	18.7克
脂肪	3.3克
磷	240毫克
钾	203毫克
钠	144毫克
钙	135毫克
胆固醇	85毫克
镁	35毫克
烟酸	3.2毫克
锌	2.8毫克
铁	2.1毫克
维生素E	0.7毫克
维生素B_2	0.2毫克

三、食材功能

性味 味甘，性平。

归经 归肝经、脾经、胃经。

功能

（1）益肾安胎：健脾补气，对于胎动不安、产后少乳等症有疗效。鲈鱼肉容易消化，可以防治水肿、贫血头晕等症状，适于孕妇食用。

（2）补肝益脾：具有化痰止咳功效，适用于肝肾不足之人。

（3）鲈鱼肉中含有较多的铜元素，对于心脏保护，神经系统正常功能的维持具有功效，还可协助体内多种代谢所需的关键性酶的功能发挥。

四、烹饪与加工

清蒸鲈鱼

清蒸鲈鱼

（1）材料：鲈鱼1条，葱姜丝、枸杞适量，盐、醋、酱油、食用油适量。

（2）做法：将鲈鱼洗净，从腹部到背部均匀开口；鱼身均匀抹上一点食用盐，葱、姜切细丝，置于盘子底部；将鱼平铺在葱、姜丝上，再放上枸杞；水开后上锅蒸5~8分钟，关火后不开盖，再焖3~5分钟，之后淋上醋和酱油调制的汁，撒上葱花，热油浇上即可。

姜丝鲈鱼汤

（1）材料：鲈鱼1条，盐、食用油、姜丝适量。

（2）做法：将鲈鱼洗净后均匀切段；生姜洗净切细丝备用；锅中加适量清水煮沸，将鱼块、姜丝放入煮沸，转中火继续煮3分钟，鱼肉即熟，根据个人口味调味即可。

五、食用注意

（1）鲈鱼不能和奶酪一起吃，也忌与牛羊油、中药荆芥同食。

（2）蒸鲈鱼时如添加了香菜，服用补药和中药白术、丹皮的人则不宜食用，以免因此而降低补药的疗效。

（3）吃清蒸鲈鱼同吃猪肉时，鲈鱼中也不可加香菜，否则易助热生痰。

（4）患有皮肤病疮肿者忌食鲈鱼；结核病患者服药时忌吃鲈鱼；出血性患者也不宜多吃鲈鱼；痛风患者不宜食用鲈鱼；肝硬化病人更应禁食鱼类。

乾隆蟹对鲈鱼

相传，乾隆最后一次下江南微服察访松江时，正巧碰上松江知府过40岁大寿。乾隆早有耳闻松江知府为官霸道，鱼肉百姓，今天正好去看个真假。

这天前来拜寿者入山入海，拜寿者若想进入府门要先交上寿礼，乾隆拿上五枚铜钱，递到管收寿礼的师爷手上，师爷见来者寿礼太薄，忙转告知府，知府问："来者何许人也?"师爷回道："略逊的布衣老头。"知府说："先怠着，明日再说。"可到开席时，乾隆毫不客气坐到首桌首席，施礼支席者叫他走开，乾隆就是不离开。知府一看十二分的不高兴，但又不便当众发作，忍气吞声勉强开席，准备在席上当众羞辱这相貌平平又不识时务的穷老头。

菜上到螃蟹与鲈鱼，知府发话："今天是本府老爷我四十荣庆大寿，喝闷酒不热闹，何不来吟诗作对热闹热闹，我先出上联，诸位续下联，从首席开始，对不上的灌酒三十盅。"众人赞同。知府："四鳃鲈鱼独霸松江一方。"上联一出，众声附和，拍手喊好。松江府有意刁难乾隆，便催促道："该首席的了。"哪知乾隆不紧不慢，朗声答道："八足螃蟹横行天下九州。"下联一出，席间顿时鸦雀无声，众人呆若木鸡。这时松江知府脸像血布，恼羞成怒，命家人撤去乾隆的席位，赶出宴厅，乾隆见此，慢条斯理掏出腰间的随身玉玺，松江知府与同僚一看，吓得双腿发软，立马跪下高呼："吾皇万岁！万岁！万万岁！"这时御林军保镖也进来了，拿下了松江知府，为松江百姓除了一害。

乌鱼

鐾玉元珠遍体缁，扬鬐奋鬣满天池。
须知沪箔横施处，要在葭灰未动时。
日映波光添绣线，鳞翻浪影簇乌旗。
江鲻味薄河鲻小，争比炎方海错奇。

——《乌鱼》（清代）陈绳

一、食材基本特性

拉丁文名称，种属名

乌鱼（*Ophicephalus argus*），又名乌鳢、斑鳢、黑鱼、斑鱼、生鱼等。乌鱼是鲈形目鳢亚目鳢科鳢属鱼类。

形态特征

乌鱼身体前部呈圆筒形，后部侧扁。头长，前部略扁平，后部稍隆起。吻短圆钝，口大，端位，口裂稍斜，并伸向眼后下缘，下颌稍突出。牙细小，带状排列于上下颌，下颌两侧齿坚利。眼小，居于头的前半部，位于头部上侧，距吻端颇近。鼻孔两对，前鼻孔位于吻端呈管状，后鼻孔位于眼前上方，为一小圆孔。鳃裂大，左右鳃膜愈合，不与颊部相连。鳃耙粗短，排列稀疏，鳃腔上方左右各具一有辅助功能的鳃上器，能呼吸空气。体呈灰黑色，体背和头顶色黑较暗，腹部淡白，体侧各有不规则黑色斑块，头侧各有2行黑色斑纹。奇鳍有黑白相间的斑点，偶鳍为灰黄色间有不规则斑点。全身披有中等大小的圆形鳞片，头顶部覆盖有不规则鳞片。侧线平直，在肛门上方有一小曲折，后延至尾部。背鳍颇长，几乎与尾鳍相连，无硬棘，始于胸鳍基底上方。腹鳍短小，起点于背鳍第4~5根鳍条下方，末端不达肛门。胸鳍圆形，鳍端伸越腹鳍中部。臀鳍短于背鳍。尾鳍圆形。肛门位于臀鳍前方。背鳍软条为49~54条，臀鳍软条为32~38条。鳔单室，细长，前端圆形，末端较尖，延至臀鳍基底上方。胃呈囊状，幽门垂2个，粗长，约为肠1/3。肠短双曲，长于体长1/2。

习性，生长环境

我国乌鱼的地理分布比较广泛，除了西部高原地区之外，长江流域至黑龙江流域的广阔地带均有大量分布，此外，在云南省以及台湾地区也有少量分布。

乌　鱼

二、营养及成分

乌鱼肉含有热量、蛋白质、脂肪等营养物质。每100克乌鱼的部分营养成分见下表所列。

成分	含量
蛋白质	18.5克
脂肪	1.2克
钾	313毫克
磷	232毫克
钙	150毫克
胆固醇	91毫克
钠	48.8毫克
镁	30毫克
烟酸	2.2毫克
维生素E	1毫克
锌	0.8毫克
铁	0.5毫克

维生素B_2	0.1毫克
锰	0.1毫克
铜	0.1毫克

三、食材功能

性味 味甘，性微寒。

归经 归肺经、脾经、胃经、大肠经。

功能

乌鱼有利水消肿，补脾益气之功效，能辅助治疗肺炎、咽喉炎等疾病，是非常好的食补和滋补食品，尤其适合虚弱、贫血人群食用。乌鱼具有健脾利水的功效，在民间，人们常用乌鱼汤治疗各种水肿，如心脏病和孕妇水肿、脚气浮肿等。

乌鱼铁含量丰富，并且蛋白质含量很高，和铁元素一起可合成血红蛋白，有补血之效，适用于贫血人群。乌鱼中的脂肪大多为不饱和脂肪酸，其中DHA是促进大脑发育的重要元素，补充DHA可促进婴幼儿脑部发育，对于老年人的记忆力衰退有改善作用，属于补脑食物之一。乌鱼含有丰富的蛋白质和各种氨基酸，产妇食用乌鱼汤能为机体提供充足的蛋白质和氨基酸，为母乳的分泌提供充足的蛋白质来源，有促进泌乳的效果。

四、烹饪与加工

清炖乌鱼汤

（1）材料：乌鱼、葱、姜、柠檬片、料酒、盐、食用油等。

（2）做法：加料酒葱姜柠檬片腌制10分钟去腥；锅中倒油炸一下乌

鱼，肉质发白即可；捞出放入砂锅里，加姜柠檬皮葱，加开水，先大火烧开，在中小火炖30分钟即可；加些柠檬皮味道又淡淡的清香。

水煮乌鱼

（1）材料：乌鱼、豆芽、莴苣、鸡蛋、葱姜蒜、豆瓣酱、料酒等。

（2）做法：乌鱼切花刀，倒入调料抓匀腌制10分钟；锅内热油炒香葱姜蒜豆瓣酱，倒入开水加醋生抽盐调味；放入豆芽莴苣叶焯熟捞出垫底；倒入乌鱼焯熟捞出，摆盘撒入花椒、干辣椒、蒜末浇上热油。

豉汁蒸乌鱼

（1）材料：乌鱼、生菜、花生米、洋葱、生抽、盐、食用油等。

（2）做法：将适量的姜丝、生菜铺在蒸盘上，将乌鱼放在姜丝上；放入适量的豉汁蒜蓉酱在乌鱼上面；炒锅中加入适量的清水，放入蒸架；盖锅盖，大火煮；水滚，把鱼放在蒸架上，盖锅盖，大火蒸；一般蒸10分钟左右，关火；把盘子里面的水倒掉，倒入适量的生抽、洋葱、花生米；将锅中油烧滚，均匀淋在鱼身上即可。

豉汁蒸乌鱼

五、食用注意

（1）乌鱼属于寒性食物，因此，寒性体质的人和经期的女性也不适合吃黑鱼。

（2）有疮者不可食，容易令人瘢白。

乌鱼是“孝鱼”的传说

有关乌鱼的传说不少。其中，广为流传的就是它是孝鱼。据说，乌鱼妈妈产卵后，眼睛就失明了。它刚刚出生的子女们围在妈妈身边，争先恐后地往妈妈嘴里钻，心甘情愿地给妈妈作食物。日子一天天过去，孩子越来越少，有一天，乌鱼妈妈的眼睛一下子复明了，看见了自己所剩不多的孩子，内心满是感动和痛苦。于是，又重新恢复了原先的生育能力。只是它们还要再次经历妈妈眼睛失明，孩子们争先恐后给妈妈作食的过程。大约是它们的行为使造物者为之感动，所以，乌鱼们不仅没变成濒临灭绝的动物，反而生生不息。

鳜鱼

春深水暖鳜鱼肥，腰筥山童采蕨归。
一路蜜蜂声不断，刺花开遍野蔷薇。

——《溪村即事二首（其一）》
（南宋）王镃

一、食材基本特性

拉丁文名称，种属名

鳜鱼（*Siniperca chuatsi*），又名桂花鱼、桂鱼、季花鱼、鳜肠鱼、水豚、石桂鱼、锦鳞鱼、鳌花鱼、母猪壳、翘嘴鳜鱼、胖鳜鱼、老虎鱼、刺婆鱼、花鲫鱼、花板刀等。鳜鱼为鲈形目鲈亚目鮨科鳜亚科鳜属鱼类。

形态特征

鳜鱼体背较高而两侧扁，背部向上隆起。口大，上颌长明显短于下颌。上下颌、犁骨、口盖骨上都有大小不等的小齿，前鳃盖骨后缘呈锯齿状，下缘有4个大棘；后鳃盖骨后缘有2个大棘。头部有细小鳞；侧线沿背弧向上弯曲。背鳍分二部分，彼此连接，前部为硬刺，后部为软鳍条。体黄绿色，腹部灰白色，体侧具有不规则的暗棕色斑点及斑块；自吻端穿过眼眶至背鳍前下方有一条狭长的黑色带纹。

鳜　鱼

习性，生长环境

鳜鱼主要分布于中国东部平原的江河湖泊，如在江苏、上海、浙江、江西、湖北、湖南、广东、安徽等。特别是江苏更是盛产区，鳜鱼

也为江苏名特优鱼品种之一。鳜鱼与黄河鲤鱼、松江四鳃鲈鱼、兴凯湖大白鱼齐名，同被誉为中国“四大淡水名鱼”。

二、营养及成分

鳜鱼肉含有热量、蛋白质、脂肪等营养物质。每100克鳜鱼的部分营养成分见下表所列。

蛋白质	19.9克
维生素A	12克
脂肪	4.2克
钾	295毫克
磷	217毫克
胆固醇	124毫克
钠	68.6毫克
钙	63毫克
镁	32毫克
烟酸	5.9毫克
锌	1.1毫克
铁	1毫克
铜	0.1毫克
维生素B_2	0.1毫克

三、食材功能

性味 味甘，性平。

归经 归脾经、胃经。

功能

（1）鳜鱼富含多种矿物质元素，其中的钙、镁、磷元素含量丰富，食用有利于促进骨骼的强度，含有一定量的锌元素，可以增强新陈代谢酶的活性，促进肌肉的生长，适当食用一些鳜鱼可以增强自身的体质。

（2）鳜鱼富含维生素A，有利于促进眼睛发育，并且可以合成视网膜细胞感光物质，有助于提高视力，预防夜盲。另外鳜鱼当中的二十二碳六烯酸（DHA）不仅对大脑发育有重要影响，而且对视网膜光感细胞的成熟也有重要作用，经常食用可保护眼睛。

（3）鳜鱼含有丰富蛋白质，并且其中所含蛋白质和人体所需蛋白质结构较为接近，食用后能迅速被机体吸收，转化为能量，是极佳的蛋白质补充来源之一。因此，平常生活中适量吃些鳜鱼，有利于为身体补充蛋白质。

（4）鳜鱼中含有不少维生素、不饱和脂肪酸、多种矿物质，这些营养物质可以维持血管弹性，能够有效预防过多的脂肪堆积在心血管内，适合冠心病、动脉硬化等患者食用，具有一定保护及预防心脑血管的作用。

（5）鳜鱼中富含各类维生素，具有良好的抗氧化作用，可以预防细胞衰老、损伤，有益于平滑肌肤，调节油脂平衡，而蛋白质可以为人体合成胶原蛋白提供原料，因此适当吃些鳜鱼可以改善皮肤的状况，具有一定美容养颜的作用。

四、烹饪与加工

清蒸鳜鱼

（1）材料：鳜鱼、大葱、香菜、生姜、盐、食用油、调味料等。

（2）做法：准备两根大葱洗净，一根切成两段，另一根切丝，备用；香菜洗净沥干。鳜鱼去除内脏后洗净，准备一个浅盘，铺上生姜2～3片和长葱段，放入洗净的鳜鱼，另将生姜2片放在鱼身上；将蒸鱼豉油与调味料混合，加清水两汤匙，煮沸备用；取蒸锅或中式锅，加入适量清水煮沸，以旺火蒸鱼约8分钟；鱼蒸熟后取出，倒去蒸鱼汁，丢掉姜葱，浇上蒸鱼豉油。鱼身上放大葱丝和香菜，撒上胡椒粉；烧一勺热油，烧沸后浇在鱼上即可。

松鼠鳜鱼

（1）材料：鳜鱼、料酒、松子、胡椒粉、番茄酱、植物油、淀粉、食盐、醋等。

（2）做法：将鳜鱼洗净摊开、拍扁，用斜刀切成花刀，将鱼身撒上食盐、胡椒粉、料酒、湿淀粉涂匀；起锅烧油，油热至七成，将桂鱼蘸少许淀粉入油锅，炸至外皮金黄；将松子放在温热的油锅中，待油热后再炸半分钟后捞出；锅中留少许油，加入清汤、食盐、糖、番茄酱、醋用湿淀粉勾芡，出锅浇在鱼肉上，撒上松子即可。

松鼠鳜鱼

五、食用注意

（1）老少皆宜，营养不良、体质衰弱、脾胃气虚、虚劳羸瘦的人更加适宜食用。鳜鱼性平补虚，营养丰富。

（2）寒湿盛者慎用。患有哮喘、咯血的病人不宜食用。

乾隆与“松鼠鳜鱼”的传说

传说乾隆下江南时，在古城苏州微服私访，忽然觉得饥饿难忍，便进了一家名为“松鹤楼”的饭店，看见店家的水牌上写着一道菜，名为“松鼠鳜鱼”，就信口点了这道菜。乾隆因半天未吃饭实在有点饿，再者端上这道菜确实做得外焦里嫩，甜酸适口，使吃惯了宫廷御膳的皇帝也齿颊留香。乾隆吃完饭迈开腿就往外走，松鹤楼的堂管怎知他是万岁爷，挡在门口不让走，这一走一挡就吵起架来，引来众人围观。此时正好苏州知府带领三班衙役巡街，看见了这可笑的一幕，忙派班头给松鹤楼店主送去白银一锭，方才平息了吃饭不给钱的事。因为乾隆皇帝喜欢吃松鼠鳜鱼，这道名菜立即传遍大江南北，从此也成了宫中的御膳之一。

梭鱼

水阔天空云影疏，喜看陶侃网梭鱼。
莺鸣柳岸投竿处，鸥影烟波泛宅居。
得意风云龙破壁，感怀日月鲤遗书。
夕薰残落炊烟起，正是渔舟唱晚初。

——《咏梭鱼》（清）陈毓瑞

一、食材基本特性

拉丁文名称，种属名

梭鱼（*Sphyraenus*），又名犬鱼、尖头西、鲻鱼、乌鲻、白眼等。梭鱼是鲈形目鲭亚目魣科、金梭鱼科梭鱼种。

形态特征

梭鱼体被圆鳞，背侧青灰色，腹面浅灰色，两侧鳞片有黑色的竖纹。梭鱼的头短而宽，鳞片很大。梭鱼体型较大，身体细长，最大的梭鱼有1.8米左右。

梭　鱼

习性，生长环境

梭鱼主要分布在南海与东海及黄海、渤海，为近海鱼类，喜栖息于咸淡水交界处，进入河口及港湾内，为港养鱼类之一。梭鱼群主要栖息于河口及港湾内，有沿江河进入淡水觅食的习性，且具有明显的趋光性及趋流性。梭鱼对盐的适应范围为0‰～38‰，在海水、咸淡水及内河淡水湖泊中均能生存。梭鱼能在水温3～35℃的水域中正常栖息觅食，最适

宜的水温范围为12~25℃，水温低于0℃时，会导致其死亡。

二、营养及成分

梭鱼肉含有热量、蛋白质、脂肪等营养物质。每100克梭鱼的部分营养成分见下表所列。

蛋白质	18.9克
脂肪	4.8克
磷	183毫克
胆固醇	99毫克
钠	71.4毫克
钾	45毫克
钙	19毫克
镁	5毫克
维生素E	3.3毫克
尼克酸	2.3毫克
锌	0.8毫克
铁	0.5毫克
核黄素	0.1毫克

三、食材功能

性味 味甘，性平。

归经 归胃经、脾经、肺经。

功能

（1）梭鱼肉富含多种氨基酸及各种微量元素，对体弱气虚、消化不良、肺虚之症有辅助康复功效。

（2）梭鱼含有丰富的不饱和脂肪酸，能有效促进体内血液循环，所以对人们的心血管有一定的益处。

（3）梭鱼也具有保护视力、止血、帮助孕妇催乳的作用。

（4）由于梭鱼中富含多种蛋白质、维生素以及氨基酸，能够增强儿童记忆能力，加强思维和分析能力，中老年人食用能够延缓衰老。

（5）梭鱼中脂肪含量不高，适宜减肥人群食用，而且还能起到暖胃润肤的作用。

四、烹饪与加工

红烧梭鱼

（1）材料：梭鱼、葱、姜、蒜、老抽、生抽、醋、盐、糖、料酒、食用油等。

（2）做法：把梭鱼的鱼鳞和内脏去除并洗净，把小葱、生姜和大蒜切片；在锅里倒入适量的油，烧至三成热时放入梭鱼，鱼煎至两面金黄即可；加入调料及葱姜蒜片，大火煮沸后用小火烧至汤汁收干即可出锅。

剁椒梭鱼

（1）材料：梭鱼、黄瓜、盐、料酒、五香粉、生抽、葱、姜、洋葱、剁椒、食用油等。

（2）做法：将梭鱼清理干净，切两半；放入盐、料酒、五香粉、生抽、葱、姜，腌制20分钟；腌好的鱼在平底锅里煎至金黄；倒入水，放入葱、姜，盖上盖焖15分钟；15分钟后，加入剁椒，再煮5分钟出锅即可。

剁椒梭鱼

五、食用注意

（1）梭鱼鱼肉脂肪含量低，热量小，且鱼肉细嫩，有温中益气、暖胃、润肤等功能，是温中补气的养生食品。而毛豆中含有大脑发育不可或缺的卵磷脂，可以帮助改善大脑记忆力，提高智力水平。但两者同时食用，会破坏食材中的维生素B，降低营养价值。

（2）梭鱼富含优质蛋白质、不饱和脂肪酸以及DHA、维生素A、维生素D等，有补虚、养肝、促进乳汁生成等功效；南瓜所含果胶还可以保护胃肠道黏膜，促进溃疡面愈合，适宜于胃病患者。但脾胃虚弱或消化不良的人群将梭鱼与南瓜同食易引起腹痛。

（3）梭鱼含有大量的嘌呤物质，患有痛风的患者应少食。

梭鱼来历的传说

传说，天上有一颗织女星，还有一颗牵牛星。织女和牵牛情投意合，心心相印，私订终身。

可是，在天庭的天条律令中不允许男欢女爱，私自相恋。王母娘娘知道后，又急又怒，把牵牛星贬下凡尘，而令织女星每天采集西天彩霞、九天云纱、东海龙珠和灵山翡翠，为天帝和王母娘娘织“天衣”。但到夜间，织女星非常思念牵牛星。

转眼又到农历的七月初七，这天，天上的仙女们都要到昆仑山碧莲池净身，织女决定带着神梭混在众仙女下凡的群体中，下凡为牵牛织冬衣。当众仙净身后回到天庭，织女星未归。王母娘娘命千里眼查看，发现织女在凡间为牵牛织衣，急命天兵天将下界捉拿织女回天庭。霎时，乌云密布，大批天兵天将冲进牵牛家将织女强行拉着上天，织女无法反抗，行至半空，将手中的天梭扔进了洛水河，后来变成梭鱼，在人间产仔繁衍后代。

鲶鱼

翰林豪放绝勾栏。风月感雕残。一日荆溪仙子，笔头唤聚时间。锦袍如在，云山顿改，宛似当年。应笑溧阳衰尉，鲇鱼依旧悬竿。

——《朝中措·翰林豪放绝勾栏》（北宋）李之仪

一、食材基本特性

拉丁文名称，种属名

鲶鱼（*Silurus asotus*），又名鲇鱼、河鲶鱼、四须鲶鱼、鲶金姨鱼、鲶拐子鱼、胡子鲶鱼、鲶巴朗鱼、黏鱼、生仔鱼等。鲶鱼为鲶形目鲶科鲶属鱼类。

形态特征

鱼体呈长形，头部扁平，尾部侧扁。口下位裂小，末端仅达眼前缘下方。下颚突出。齿间细，绒毛状，颌齿及梨齿均排列呈弯带状，梨骨齿带连续，后缘中部略凹入。眼小，有一层薄膜覆盖。成鱼须2对4根，上颌须可深达胸鳍末端，下颌须较短。幼鱼期须3对，体长至60毫米左右时1对颏须开始消失。鲶鱼多黏液，体无鳞。背鳍很小，无硬刺，有4~6根鳍条。无脂鳍。臀鳍很长，后端连于尾鳍。鲇鱼体色通常呈黑褐色或灰黑色，略有暗云状斑块。

鲶　鱼

习性，生长环境

淡水鲶鱼广泛分布于全国各大淡水区域。鲶鱼为底层凶猛性鱼类。怕光，喜欢生活在江河近岸的石缝、深坑、树根底部的土洞或石洞里，以及流速缓慢的水域中。在水库、池塘、湖泊、水堰的静水中多伏于阴

暗的底层或成片的水浮莲、水花生、水葫芦下面。春天开始活动、觅食。入冬后不食，潜伏在深水区或洞穴里过冬，鲶鱼眼小，视力弱，昼伏夜出，全凭嗅觉和两对触须猎食，很贪食，天气越热，食量越大，在阴天和夜间活动频繁。

二、营养及成分

鲶鱼肉含有热量、蛋白质、脂肪等营养物质。每100克鲶鱼的部分营养成分见下表所列。

蛋白质	17.3克
脂肪	3.7克
钾	351毫克
磷	195毫克
胆固醇	163毫克
钠	49.6毫克
钙	42毫克
镁	22毫克
烟酸	2.5毫克
铁	2.1毫克
维生素E	0.5毫克
锌	0.5毫克
维生素B_2	0.1毫克
铜	0.1毫克

三、食材功能

性味 味甘，性温。

归经 归胃经、膀胱经。

功能

（1）鲶鱼有很好的催乳作用，适宜产妇食用。炖鲶鱼汤，可以补气补血和催乳通奶，对于生产、手术后的妇女，可以经常吃一些鲶鱼汤，帮助她们恢复。

（2）鲶鱼的营养价值非常高，营养成分非常丰富，其中蛋白质、维生素等人体必需的成分在鲶鱼的身体中都有体现。经常吃鲶鱼，可以增强抵抗力，增强呼吸道的净化能力，提高人体的免疫力。

（3）鲶鱼中含有的蛋白质的成分非常高，尤其是对于儿童来说，可以帮助他们增强记忆力，提高大脑的发育速度。

（4）鲶鱼除了鱼肉之外，鱼皮的营养成分也很高，其中最显著的就是胶原蛋白，具有养颜美白的功效。

（5）鲶鱼肉还含有非常多的微量元素钙，所以常吃鲶鱼可以预防小儿软骨病，以及老年人的骨折或者骨病。

四、烹饪与加工

鲶鱼炖茄子

（1）材料：鲶鱼、茄子、葱、姜、蒜、酱油、盐、食用油、调味料等。

（2）做法：起锅烧油，待油热后放事先备好的葱段、蒜瓣和姜丝；炒出香味放酱油、黄豆酱、花椒粉、白糖；爆锅后加水，放茄子、鲶鱼（水量以没过茄子为好）；大火烧开，转小火炖40分钟后大火收汁，放味精，出锅装盘即可。

大蒜烧鲶鱼

（1）材料：鲶鱼、大蒜、香菜、盐、食用油、调味料等。

（2）做法：先将鲶鱼摔昏，再用筷子从口腔中绞出内脏，剁去头尾作它用；洗净后，从背部入刀将鲶鱼切开，但使腹部相连呈木梳形，然后将鱼身斩为3厘米长的段，放入郫县豆瓣、泡辣椒、大蒜、香菜；炒锅置火上，放入色拉油烧热，下入郫县豆瓣、泡辣椒炒香出色，再下入番茄酱、蚝油炒匀，下入鲶鱼段，烹入料酒，颠翻均匀后，掺入鲜汤，调入精盐、胡椒粉、老抽、白糖、白醋，撒入青椒丝；用大火烧开后，转用小火炖至鲶鱼熟透且汤汁浓稠时，调入味精，用少许水淀粉勾薄芡起锅；净锅重上火，放入少许色拉油及香油、红油烧热，下入蒜米、香菜末炒香，起锅浇在盘中的鲶鱼上，即成。

大蒜烧鲶鱼

五、食用注意

（1）鲶鱼卵有毒，煮熟后食用。

（2）不建议与牛肝同食，不宜用牛油、羊油煎炸。

（3）不建议与荆芥同用。

鲶鱼墩的传说

很久很久以前，在吴楚交界之地，有一个美丽的地方，叫磁湖古镇，因镇中有一个美丽的湖泊——磁湖而得名。

在磁湖中，有一座小岛，叫鲶鱼墩，岛上住着一些村民。有一户以打鱼为生的三口之家，他们家很穷，一对夫妻年纪很大了才生了一个儿子。他们给这个得来不易的儿子取名叫张浩渺，希望他能像眼前烟波浩渺的磁湖一样心胸开阔，心灵澄澈、善良。

张浩渺长大以后，练就了一身了得的捕鱼本领，而且十分孝敬父母。一家人就这样日出而作，日落而息，日子倒也过得其乐融融。

转眼小伙子到了该娶妻生子的年龄，但是一家人只能混个温饱，附近村里的姑娘没人愿意嫁给这个贫穷的小伙子。小伙子每天仍乐呵呵的，可老两口却十分着急，怨自己拖了儿子的后腿，害得儿子没办法娶老婆。

话说这磁湖里有一条鲶鱼已修炼成精，听到两位老人的哀叹，又为了感谢小伙子当年的不杀之恩，变成一位年轻美丽的少女嫁给了小伙子。

后来，张浩渺听从妻子的教导不再打鱼，耕种着屋外的几亩薄田。也许有了鲶鱼精的帮助，他家的收成总比别人家好，日子过得衣食无忧。

这年端午节，老爹爹照例买回了艾草和雄黄酒，哪想这鲶鱼精误饮雄黄酒现了原形，把老爹爹吓死了。村里人听说了这件事，都拿着家伙来到小伙子家，要把那鲶鱼精打死。鲶鱼精自知此地已容不下自己，赶紧离开回了磁湖。

小伙子家里的光景从此一落千丈。老婆婆哀伤过度哭瞎了双眼，老爹爹也悲伤离世，村里人总觉得张浩渺娶过妖精为妻，也是个不祥之人，所以对他日渐疏远。

这年中秋，本是阖家团圆的日子，张浩渺家中却冷冷清清。小伙子为了安慰瞎眼的老娘，在院子里摆设烛案，祭奠死去的父亲。

老婆婆问儿子："儿啊，你怪不怪那鲶鱼精?"

儿子说："娘，那鲶鱼精也是慈悲心肠，想报我当年的不杀之恩才来到我家，爹的死也不是她的本意，况且从小你们就教育我要与人为善，心胸开阔，而且人死不能复生，我还怪她有何用?"

那鲶鱼精与这家人生活了一段时间，也有了感情，还经常偷偷回来看看。这日正在门外，把小伙子的话听得一清二楚。

这年中秋之夜，小伙子家发生了一件奇怪的事。他家连房子带地一起像坐在船上一样，漂啊漂，漂到了湖中心。小伙子一觉醒来，发现自己的家漂到湖中心，妻子又回到了家中，心里便明白了几分。从此，张浩渺夫妇在那鲶鱼墩上男耕女织，老婆婆颐养天年，一家人过着幸福的生活。

塘虱鱼

清江绕槛白鸥飞，坐看潮痕上钓矶。
松菊未荒元亮径，芰荷先制屈平衣。
窗前枫叶晓初落，亭下塘虱秋正肥。
安得从君理蓑笠，棹歌相趁入烟霏。

——《臞庵》（北宋）沈某

一、食材基本特性

拉丁文名称，种属名

塘虱鱼（*Clarias fuscus*），又名塘角鱼、角角鱼、角角丁、黄腊丁、胡子鲶、鳅鱼、滑鱼等。塘虱鱼是鲶形目鲶形亚目胡子鲶科胡子鲶属鱼类。

形态特征

塘虱鱼体长，头部扁平，体表光滑无鳞，有侧线。体色一般呈灰褐色，上有许多灰白色的纹状斑块和黑色斑点，腹部为白色，背鳍、臀鳍延长至尾鳍基部。尾鳍呈圆扇形，胸鳍短而圆，有一硬棘，能在陆地上爬行。塘虱鱼口宽、横裂、齿利，口稍下，有触须4对，上下颌各2对。齿间细，绒毛状。

习性，生长环境

塘虱鱼为热带和亚热带淡水鱼类；在我国主要分布于长江以南各水体，以广东、广西、台湾、福建、云南等地较多，长江水系各水体分布较少。

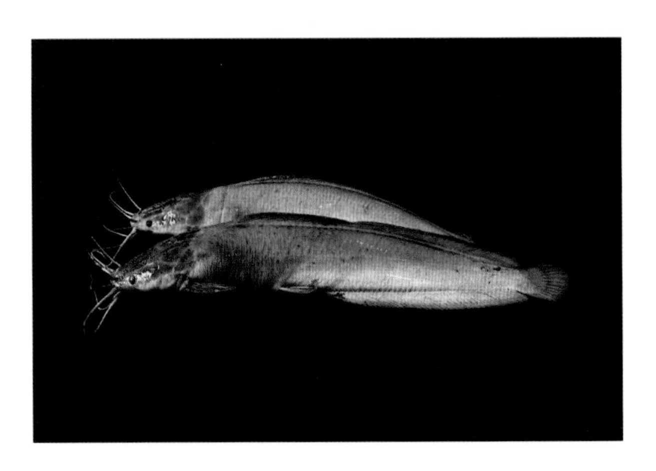

塘虱鱼

塘虱鱼

二、营养及成分

塘虱鱼肉含有热量、蛋白质、脂肪等营养物质。每100克塘虱鱼的部分营养成分见下表所列。

蛋白质	15.1克
脂肪	7.9克
碳水化合物	3.1克

塘虱鱼还含有少量的胆固醇，同时还含有维生素A、B_1、B_2、B_3、E等和钾、钠、锌、镁、磷等元素。

三、食材功能

性味 味甘，性平。

归经 归肾经、肺经、胃经。

功能

（1）塘虱鱼营养价值较高，富含蛋白质和脂肪，具有滋补、敛肌、活血化瘀的功能，对体弱虚损、营养不良之人有较好的食疗作用。

（2）塘虱鱼是催乳的佳品，并有滋阴养血、补中气、开胃、利尿的作用，是妇女产后滋补、食疗的优质食物。

四、烹饪与加工

塘虱鱼蒸水蛋

（1）材料：塘虱鱼、盐、姜丝、酱油、食用油等。

（2）做法：塘虱鱼起肉，去皮、剁碎；加盐、加姜丝少许，拌匀；加水，水蛋比例1：1，加盐少许，混打、拌匀；碗上铺上保鲜膜或者盖上同碗大的碟子，水开后放上锅蒸8～10分钟；最后放酱油和麻油少许即可食用。

塘虱煲

（1）材料：塘虱鱼、猪瘦肉、生姜、调味料、食用油等。

（2）做法：清洗干净塘虱鱼沥干；猪瘦肉切块后，清洗干净浮沫；大火把水烧开，将塘虱鱼放进炒锅中，煎至两面微黄；与瘦肉、生姜、陈皮、黑豆一起放进汤锅里，慢火煲一个半小时，放盐调味即可。

塘虱煲

五、食用注意

（1）塘虱鱼本身属于发物，如患有风湿骨痛、关节炎、痼疾、疮疡、皮肤出现化脓感染等疾病，食用以后有可能会加重病情。

（2）痼疾疮疡者不建议食用。

水牛与塘虱鱼的传说

古时，传说牛和塘虱鱼也会说话。

水牛每天都替主人辛勤地在田间劳动，翻泥耙田。在泥水里的塘虱鱼，时时跟在水牛的后面捕吃地老虎、土狗、蚯蚓等。它往往是边捕捉食物，边快乐地唱歌：“咯咯……”日子相处久了，水牛和塘虱鱼结下了深厚的友情。

有一次，水牛请塘虱鱼做客，塘虱鱼对水牛说：“我本想去你家里玩一趟，但路途遥远，多是走陆地，太困难了。”

“请不要怕，如果你是真心诚意去的话，我有办法，包你既方便又容易。”

“好，那就去一趟吧！”

于是塘虱鱼跟着水牛赶起路来，行过一段水路后，转走陆路，水牛照样走在前面，它为使塘虱鱼行动方便，一边走路，一边屙着尿水，让塘虱鱼摆动着身子跟尿水一路前进。行呀行，天气越来越炎热，这时水牛的尿水也屙完了。塘虱鱼困难地行至沙滩，灼热的泥沙把它烫得要命，滚来滚去，好不容易才翻滚至水里。

这时，它发觉肚皮被烫伤，还起了一个个的小水泡，后来脱了一层皮，肚皮就由黑色变成了白色。它觉得自己弄成这样都跟水牛有关系，心中不禁怨恨起水牛。

有一天，水牛路过自己耕种的田，庄稼长得很结实，一片金黄。这时它心中想：我太老实了，一年辛苦得来的果实，自己却没份享受。于是便张口吃了一口稻谷，很香甜，接着又连续吃了几口。就在这时，蹲在田角的塘虱鱼忽然叫喊起来：“牛吃禾，牛吃禾！”牛却不理它，越吃越觉得稻谷可口，吃饱了一肚，才慢慢地离开。

主人经过田头，发现田里的稻谷损失了一大片，便骂了起来。塘虱鱼对主人说：“是你家的水牛吃的呀！”主人这才看到田间留下的一个个牛脚印，便急急地回家去。

晚上，主人把牛叫来盘问，牛也老实地承认，是因为肚饿而吃的。主人牵住牛鼻子骂道：“你敢偷吃，非得严厉惩罚不可。”于是他便点一把火向着牛下巴烧。这一烧，水牛的嗓子受伤了，再也讲不出话来，从此便成了哑巴，下巴也留下了伤疤。

又有一日，水牛内心十分痛苦地在田间劳动，塘虱鱼又跟在水牛后边捕捉幼虫，还“咯咯……”地唱着歌，假惺惺地上前讨好水牛。水牛怒火中烧，立即举脚狠狠地照塘虱鱼的头部踩去，只听“吱”的一声，塘虱鱼的头顿时扁了，头部留下个牛脚印。从此，塘虱鱼也成了哑巴，不会唱歌了。

黄颡鱼

猗与漆沮，潜有多鱼。
有鳣有鲔，鲦鲿鰋鲤。
以享以祀，以介景福。

——《周颂·潜》

一、食材基本特性

拉丁文名称，种属名

黄颡鱼（*Pelteobagrus fulvidraco*），又名汪丫、黄沙古、黄角丁、刺黄股、昂刺、昂公等。黄颡鱼为鲶形目鲿科黄颡鱼属鱼类。

形态特征

黄颡鱼体长，较粗壮，吻端向背鳍上斜，后部侧扁。头略大而纵扁；口大，下位，呈弧形。颌齿、腭齿呈绒毛状排列呈带状。前后鼻孔相距较远，前鼻孔呈短管状。鼻须位于后鼻孔前缘，伸至或超过眼后缘；颏须一对，向后伸至或超过胸鳍；外侧颏须长于内侧颏须。鳃孔大，向前伸至眼部中间，垂直于下方腹面。鳃盖膜与腮峡不相连。鳃耙短小，13~16个。背鳍较小，有骨质硬刺，其前缘光滑，后缘呈弱锯齿状，起点距吻端大于距脂鳍起点。脂鳍短，基部位于背鳍基后端至尾鳍基中央偏前。臀鳍基底较长，起点位于脂鳍起点垂直下方之前，距尾鳍基小于距胸鳍基后端。胸鳍侧下位，骨质硬刺前缘锯齿细小且多，后缘

黄颡鱼

锯齿粗壮且少。尾鳍分叉深，末端圆，上、下叶等长。活体背部黑褐色，至腹部呈渐浅黄色。

习性，生长环境

黄颡鱼是一种小型淡水经济鱼类，在我国各大水系均有分布，尤其在长江中下游地区的湖泊、池塘、溪流中分布广泛。

二、营养及成分

黄颡鱼肉含有热量、蛋白质、碳水化合物、脂肪等营养物质。每100克黄颡鱼的部分营养成分见下表所列。

蛋白质	18克
碳水化合物	7克
脂肪	2.8克

黄颡鱼还含有维生素A、维生素B_1、维生素B_2、维生素B_3、维生素E，同时还有钙、铁、锌、镁、钠、钾、锰、磷、硒等元素和15种氨基酸。

三、食材功能

性味 味甘，性平。

归经 归肺经、肾经。

功能

（1）暖胃，治疗胃寒症。对于缓解肠胃不适有好处，经常吃黄颡鱼可以养胃、帮助消化。

（2）可促进血液和水分的新陈代谢，去除人体内的毒素和多余的水分，利尿消肿；而且也有排毒的功效，可提高人体免疫力。

（3）有补气血、生乳作用。对产妇有通乳、补体虚、促康复的功效。能够开胃，还有消除寒气的功效，适合产妇食用。

（4）能清心泻火，清热除烦，可以消除血液中的热毒。特别适合容易上火的人群食用。

（5）黄颡鱼可以补充丰富的叶维生素（如叶酸），对于滋阴健脾胃有好处，同时也有消肿的功效，是很好的止咳、缓解痰多咳嗽的食材。

（6）黄颡鱼营养丰富含有多种人体必需的氨基酸，特别是谷氨酸和赖氨酸。它有抗炎镇痛作用，具有丰富的药用价值。适用于肾炎水肿、脚气水肿、营养不良性水肿等各类水肿、肝硬化、腹水及小儿痘疹初期。

四、烹饪与加工

红烧黄颡鱼

（1）材料：黄颡鱼、生姜、尖椒、酱油、料酒、盐、食用油等。

（2）做法：将生姜和尖椒煸香后放入黄颡鱼，油锅双面煎黄；加酱油、料酒和少许盐调味上色；加入豆瓣酱调味，倒入清水将鱼身淹没，进行烧调；加盖焖烧，水快干时加入香葱点色增香。

红烧黄颡鱼

黄颡鱼豆腐汤

（1）材料：黄颡鱼、豆腐、香菜、大葱、姜片、海鲜菇、盐、食用油等。

（2）做法：香菜、大葱切成小

块，姜切片，大葱切碎；豆腐切成小块，海鲜菇洗净；锅里烧热油，黄颡鱼沥干后中火双面煎黄，鱼靠边，炒香葱和姜片；加入水、料酒、香醋，煮开；加入豆腐、海鲜菇、盐和糖；大火煮3分钟，然后用中火煮15分钟；最后加入香菜、葱和鸡精调味，关火。

五、食用注意

（1）适宜消瘦、免疫力低、肝硬化、腹水、肾炎水肿、脚气水肿以及营养不良性水肿者食用，适宜小儿痘疹初期患者食用。

（2）因黄颡鱼为发物食品，有痼疾宿病之人，诸如过敏体质、支气管哮喘、淋巴结核、癌肿、红斑狼疮以及顽固瘙痒性皮肤病者，忌食或谨慎食用。

乾隆与黄颡鱼煮米饭

相传，一日乾隆皇帝来到海边渔村，时已近午，饥肠辘辘，便快速走至一渔舍，他见一白发渔翁在切黄颡鱼，便上前和他说明来意。这白发渔翁是个哑巴，渔翁冲他点点头并示意他坐在一边等待。只见哑渔翁将切好的黄颡鱼洗净沥干后，放在预先准备好的姜、葱、酱油的瓦盆内，腌了半个时辰后，他再把杉木锅盖翻过来，把一条条腌好的黄颡鱼的硬脊鳍戳在锅盖上，然后在锅中放好米和水，再轻轻将锅盖盖好。哑渔翁升火煮饭，一顿饭工夫，饭熟鱼香，渔舍内外，香气扑鼻。乾隆在皇城从未闻过这种鱼饭混合香。等哑渔翁揭开锅盖，黄颡鱼的硬脊鳍骨完整地钉在木锅盖上，黄颡鱼的蒜瓣肉一块块地落在米饭上，色、香、味俱佳。

哑渔翁盛上一瓷碗请乾隆享用，乾隆吃后，顿觉得其美味赛过宫中的所有佳肴，一粗瓷碗吃完后，又向哑渔翁要了半碗，吃个精光。饭毕，乾隆身无分文，解下玉扇坠送给哑渔翁，哑渔翁却坚决拒绝了。

回京后，乾隆命御膳房买回黄颡鱼，想如法炮制，却怎么也做不出哑渔翁那黄颡鱼煮米饭的色、香、味来。连撤换数十名厨师和数名御膳房主管，还是如此。他不禁感慨地写下了：“世俗难事千千万，似难非难作笑谈。上天入地犹然可，最难黄颡煮米饭。”

鲟鱼

家在桃源里，龙溪是假名。
蕉衫溪女窄，木屐市郎轻。
生酒鲟鱼脍，边炉蚬子羹。
行窝堪处处，只少邵先生。

——《南归寄乡书七首（其一）》（明）陈宪章

一、食材基本特性

拉丁文名称，种属名

鲟鱼（*Acipenser sinensis*），又名中华鲟鱼、苦腊子鱼、鳣鱼等。鲟鱼为鲟形目鲟科鱼类。

形态特征

鲟鱼身体较长，呈纺锤形，背部呈黑褐色或棕灰色，腹部为银白色。吻的腹面、口的前端有须两对，须的前方生有若干疣状突起，故又称“七粒浮子”。口小、下位，嘴唇具叶。有皱褶，形似花瓣。躯干具五行骨板。尾鳍呈不对称“Y”字形，上叶长度大大超过下叶。

鲟　鱼

习性，生长环境

我国境内野生的鲟鱼有8种，有分布于黑龙江、松花江、乌苏里江流域的史氏鲟、达氏鳇和库页岛鲟；分布于长江、金沙江流域的中华鲟、达氏鲟和白鲟；分布于新疆伊宁等地水域中的裸腹鲟；分布于新疆额尔齐斯河、布伦托海、博斯腾湖的西伯利亚鲟。世界上现存1目2科7属27种，仅分布于北半球，现存9个自然分布区，分别为太平洋东岸、北美大湖地区、大西洋西北部、北美密西西比河流域和墨西哥湾、大西洋东北部、里海地区、西伯利亚及北冰洋流域、黑龙江水系和日本海、长江和珠江水系口。鲟鱼肉厚骨软、味道鲜美，肉和卵富含蛋白质，营养丰富。鱼卵可加工成鱼子酱，与鹅肝、松露并称“世界三大美食”，鲟鱼是世界主要贸易物种之一。由于自然环境改变、水利工程设施修建和过度捕捞等原因，近年来世界范围内的野生鲟鱼资源明显减少，全球的27种鲟鱼中，有23种濒临灭绝，17种被世界自然保护联盟（IUCN）列为极度濒危。近些年随着养殖技术的进步，已经有效地解决了鲟鱼的人工繁殖，苗种的培育已能进行大面积人工饲养，满足人们食用需求。

二、营养及成分

鲟鱼肉含有热量、粗蛋白、脂肪等营养物质。每100克可食鲟鱼的部分营养成分见下表所列。

粗蛋白	25克
脂肪	0.8克
糖类	0.5克

可食鲟鱼还含有多种维生素、氨基酸及微量元素钙、铁、铜、锌、磷、硒等成分。

三、食材功能

性味 味甘，性平。

归经 归肺经、心经。

功能

（1）鲟鱼肉具有益气补虚，活血通淋功效，适宜体虚、癣疥恶疮以及淋巴结核人群食用，长期食用有增强大脑功能、预防老年痴呆症的功效。

（2）据中国科学院海洋所检测：鲟鱼肉含有10多种人体必需的氨基酸，脂肪含有二十二碳六烯酸（DHA）和二十碳五烯酸（EPA），对软化心脑血管、促进大脑发育、提高智商、预防老年性痴呆具有良好的功效，可直接食用。

四、烹饪与加工

剁椒鲟鱼

（1）材料：鲟鱼、剁椒、白酒、胡椒粉、料酒、蒸鱼豉油、植物油、盐、葱、姜等。

（2）做法：将鲟鱼洗净，从正中剖开，在鱼肉较厚的部分斜划几刀；将料酒、胡椒粉、盐撒在鱼身上，抹匀，腌制约30分钟；将白酒倒入剁椒中，拌匀备用；将姜切片、葱切段，铺在碗底，放上处理好的鱼头。将准备好的剁椒铺在鱼身上；蒸锅内放入适量的水，烧

剁椒鲟鱼

开，然后摆入鲟鱼，加盖大火隔水约10分钟；蒸好后撒上葱花，淋入蒸鱼豉油即可。

鲟鱼头汤

（1）材料：鲟鱼、猪骨汤、枸杞、盐、姜片、香菜、食用油等。

（2）做法：将鲟鱼鱼头斩断，洗净沥干水分；姜切片，枸杞温水浸泡5分钟，攥干水分；香菜择洗净，切碎待用；锅置火上少许油烧热，爆香姜片，下入鲟鱼鱼头略煎片刻；倒入猪骨汤，大火烧沸；将鱼头、汤转至砂锅中，小火，盖上盖子煲30分钟；调入枸杞、适量盐，继续煲5~10分钟，关火；撒上香菜碎即可食用。

五、食用注意

（1）鲟鱼嘌呤物质含量较高，不建议痛风患者食用。

（2）出血性疾病，血小板减少和维生素K缺乏者，不建议食用鲟鱼。

鲟鱼石与赤渡头的传说

据说很早以前，深沪湾曾游来一条大鲟鱼，它经常在海湾兴风作浪，也不知卷翻了多少船只，残害了多少渔民生命，扰得人心惶惶，渔民们都不敢轻易出海，只好涌向“崇真殿”，祈求玄天上帝显灵除害。

一天，大鲟鱼又在深沪湾大耍淫威，只见崇真殿飞出两道金光，直射向海面，原来是玄天上帝派出的龟、蛇二将来降伏鲟鱼。但鲟鱼是条修炼千年的鱼精，哪把龟、蛇放在眼里？几个回合交战，龟、蛇二将敌不过它，只好回殿复旨。玄天上帝怒火中烧，挥起手中宝剑，霎时寒光闪闪，手起剑落，只见一股殷红的血柱冲天而起，鲟鱼头飞向永宁山头，鱼尾喷到深沪东山村路口，鱼身漂到宫仔崎下，后来身首异地的鲟鱼都变为花岗岩。

再说波涛滚滚的深沪湾海，经此一回血战，变成一片血海。一天，忽然刮起一阵紧似一阵的东北风，汹涌的海浪直奔深沪对面的一片黄土埔，一时黄土埔被染成一片血红，经久不褪，后来人们把这片血红的黄土浦称为赤渡头。

鳇鱼

有目鰥而小，无鳞巨且修。
鼻如矜翕戟，头似戴兜鍪。
一雀安能啮，半豚底用投。
伯牙鼓琴处，出听集澄流。

——《咏鳣鳇鱼》（清）
爱新觉罗氏·弘历

一、食材基本特性

拉丁文名称，种属名

鳇鱼（*Huso dauricus*），又名达氏鳇、黑龙江鳇、鲟鳇鱼等。鳇鱼是鲟形目鲟科鳇属鱼类。

形态特征

鳇鱼形态奇特，头尖、尾歪、体长，颜色黄褐，身上无鳞，而在背脊和两侧有5列菱形的骨板（硬鳞）。鳇鱼长可达5~6米，重可达1千克。达氏鳇其口位于头的腹面，较大，似半月形，口前、吻的腹面有触须2对，中间的1对向前。吻呈三角形，比较尖。左、右鳃膜相互连接，这是与鲟鱼的不同点，也是鳇、鲟鱼的分类依据之一。鳇鱼横切面呈圆形，幼体骨板有向后突出的尖棘，随年龄的增长而消失。体背部呈绿灰色或灰褐色，体侧呈淡黄色，腹部呈白色。达氏鳇形态与史氏鲟相似。达氏鳇背骨板11~17枚，侧骨板31~46枚，腹骨板8~13枚，背鳍33~35枚，臀鳍22~39枚，鳃耙16~24枚。性成熟个体全长为头长的3.5~6倍，为尾柄长的14~23倍。为体高的6.05~10.60倍，尾呈歪型尾，上叶大，向后方延伸。

鳇　鱼

习性，生长环境

鳇鱼为淡水鱼类，无法在海水里生活，其可分为黑龙江河口的种群以及鄂霍茨克海与日本海沿岸淡水水域的种群。鳇鱼不洄游入海，只在黑龙江及其支流的地方或远或近地游动，冬季留在江中深水处。鳇鱼为底栖肉食性鱼类，其幼鱼食物主要为底栖无脊椎动物及小鱼、虾、昆虫，1龄后主要以鱼为食。鳇鱼在繁殖期间不停食，鳇鱼捕食方式与史氏鲟相似，但较凶猛，主动捕食能力强。

二、营养及成分

鳇鱼肉含有热量、蛋白质、脂肪等营养物质。每100克鳇鱼的部分营养成分见下表所列。

蛋白质	21.9克
脂肪	5.6克

鳇鱼胆汁含胆酸，肉含油酸、少量的二十五碳酸及二十二碳六烯酸、醛缩酶，血含清蛋白、α球蛋白、β球蛋白、皮质甾类，卵含β胡萝卜素、虾青素酯、叶黄素、玉米黄质、异玉米黄质、虾青素，脑含谷氨酸、天门冬氨酸、γ-氨基丁酸。鳇鱼肝、血、鳃、皮、肉均含铁、铜、锰、锌、钴、镍、镁、铝、钒、硒等微量元素。

三、食材功能

性味 味甘，性微温。

归经 归心经、肺经、脾经、肝经。

功能

（1）鳇鱼含多种蛋白质、氨基酸及微量元素，具有提高免疫、抗菌、镇静、抗过敏等功能，对提高人体免疫力、消炎、杀菌等有辅助食疗功效。

（2）鳇鱼软骨所含抗癌因子（生物有效活性成分）是鲨鱼软骨的15～20倍。

（3）因鱼鳔含骨胶原达80%，对恶性肿瘤、肾虚、阳痿、遗精、滑精、咯血、吐血、肠出血及神经衰弱等均有显著疗效。

四、烹饪与加工

红烧鳇鱼

（1）材料：鳇鱼、葱、姜、蒜、料酒、盐、食用油、调味料等。

（2）做法：将鳇鱼清洗干净，切成小块；油热姜片大葱爆锅，鱼块下锅，翻炒，加料酒等调味佐料；翻炒到鱼块变色、肉收紧，一次加适量的水和炖料盖上锅盖；转小火炖十几分钟就可以上桌了。

红烧鳇鱼

鳇鱼炖土豆

（1）材料：鳇鱼、土豆、大蒜、生姜、白酒、醋、盐、食用油等。

（2）做法：洗净鳇鱼，土豆去皮，大蒜去皮；鳇鱼、土豆切大块；锅热后放油，油热后放进鳇鱼肉小火慢煎至鱼肉发白，烹入白酒和醋，放入蒜瓣和姜片；加热水，放进盐、八角、红辣椒、桂皮、生抽，大火烧开，中小火炖至收汁，出锅即可。

五、食用注意

痛风及有严重皮肤疾病患者应慎食。

清王朝的“鳇鱼圈”

黑龙江、松花江盛产鳇鱼。鳇鱼是鱼中之皇，宝上之宝。民间传说，世上一切活物，不外胎、卵、湿、化而生。胎生的上眼皮往下眨，卵生的下眼皮往上眨，湿生的没眼皮。鳇鱼类属化生，不眨眼。普通鱼类两三年即咬汛甩子，鳇鱼得二三十年才咬汛甩子，幼鱼几十年才能长成上千斤的成鱼。鳇鱼浑身是宝，精囊（即鱼子）更是价值连城。

清高宗乾隆皇帝第一次得到松花江边渔民进献的鳇鱼，就把它视为珍宝，钦定为朝廷贡品，作为每岁大年初一皇室祭祀上天和祖先的祭品，命各地务必于年终岁末将鳇鱼贡奉朝廷，不得有误。朝廷于黑龙江、松花江流域设立“务户里达”，专管捕鳇、养鳇、进贡事宜。务户里达在沿江一带建鳇鱼圈，专门放养鳇鱼。圈旁盖有房屋，派养生丁轮流看守、照料。

当时皇上有令，无论圈内圈外，整个松花江、黑龙江中，如有捕鳇鱼食用或出卖者一律杀头。这条禁令一出，可苦了世世代代在松花江、黑龙江边以捕鱼为生的百姓了。“鳇鱼圈”在江边有入水口，设有栅栏。“鳇鱼圈”旁盖有房屋，派人专门把守照料。入冬时破冰取鱼，将鳇鱼慢慢冻死，抬到平板牛车上，先送到关道衙门，然后按指定时间、地点送到京城。运鳇鱼的车子插上一面黄色绣花旗，表示是送给皇帝的。沿途官员迎送，车辆一律给鳇鱼车让道，任何人不可碰掉一块鳞片。除夕之前送到皇宫，不能误了皇帝正月初一的祭祀。只有鳇鱼安全送到，才算完成了一年的鳇鱼差事。一直到清政府垮台，哈尔滨网场的贡鱼才终止。

鳟鱼

露积成山百种收，渔梁亦自富虾鳟。
无羊说梦非真事，岂见元丰第二秋。

——《歌元丰五首（其一）》
（北宋）王安石

一、食材基本特性

拉丁文名称，种属名

鳟鱼（*Squaliobarbus curriculus*），又名鮅、赤眼鱼、红目鳟、红眼棒、红眼鱼、醉角眼、野草鱼等。鳟鱼是鲑形目鲑科鲑亚科鳟属鱼类。

形态特征

鳟鱼体长，略呈圆筒状，后段稍侧扁，腹部圆。体长约30厘米。头呈圆锥形，吻钝。下咽齿3行，顶端钩状，眼大。鳞圆形，侧线鳞43~48片。背鳍Ⅲ7~8，无硬刺，起点与腹鳍相对，臀鳍Ⅲ7~8。体背深黑色，腹部浅黄，体侧及背部鳞片基部各有一黑色的斑块，组成体侧的纵列条纹，眼上半部有一块红斑。背鳍深灰色，尾鳍后缘呈黑色，其他各鳍灰白。

鳟　鱼

习性，生长环境

鳟鱼通常都栖息在淡水中，喜欢生活在冷水中，16~18℃是最适当的，16~23℃会减少它们繁殖或捕食的欲望及能力，到了23℃以上就致命了。有几种到繁殖季节会游入海中。鳟鱼在春天和秋天产卵，雌鱼在河底沙砾层中挖出洞来，然后把卵产在洞里。那些栖息在海中的鳟鱼修也会返回内河产卵。卵孵化的时间是2~3个月，刚孵出来的小

鱼苗离开洞以后，依靠浮游生物为生。鳟鱼生活于江河湖泊中，一般栖息于流速较慢的水中。我国除西北、西南外，南北各江河湖泊中均有分布。

二、营养及成分

鳟鱼肉含有热量、蛋白质、脂肪等营养物质。每100克鳟鱼的部分营养成分见下表所列。

蛋白质	18.5克
脂肪	2.7克
碳水化合物	0.2克

鳟鱼还含有少量胆固醇，以及维生素A、B_1、B_6、B_{12}、D等维生素和胡萝卜素，同时还含有钙、锌、镁、锰、铜、磷、钾、钠、硒等元素。此外还含其他鱼类很少的EPA（二十碳五烯酸）和DHA（二十二碳六烯酸）。

三、食材功能

性味 味甘，性温。

归经 归胃经。

功能

（1）降低血液中的胆固醇浓度，预防由动脉硬化引起的心血管疾病。

（2）使血管中血液不容易阻塞。

（3）减轻炎症。

（4）提高大脑的功能，增强记忆力，防止大脑衰老。

四、烹饪与加工

清蒸鳟鱼

（1）材料：鳟鱼、生抽、料酒、葱、姜、蒜、盐、醋、食用油等。

（2）做法：把鳟鱼清洗干净，在鱼背上面划上几刀；再把葱、姜、蒜用刀切碎，锅中倒入油烧热再倒入葱、姜、蒜炒香；将鳟鱼入锅，依次加入料酒和醋，开中火等酒味和醋味蒸发以后，倒入生抽再放入适量的水，加入少量的盐，调一下味用中火烧上7分钟，等收汁后关火出锅即可。

香烤鳟鱼

（1）材料：鳟鱼、柠檬、胡椒、海盐、香草等。

（2）做法：将鳟鱼去除内脏洗净控水，两面抹上海盐、胡椒、香草腌制20分钟，打开烤箱，预约温度180度，烘烤15分钟撒上柠檬汁即可。

香烤鳟鱼

红烧鳟鱼

（1）材料：鳟鱼、葱姜蒜、酱油、白糖、湿淀粉、豆瓣酱、盐、食用油等。

（2）做法：将鱼去除内脏洗净后在鱼身上两面各切两刀，然后用料酒和食用盐腌制15分钟；把葱和姜以及蒜切碎，再把豆瓣酱剁碎，炒锅里面倒入适量的油烧至六七成热；再把鱼放入锅里面煎至两边金黄色就可以捞出，锅里留少量的油，倒入豆瓣酱和姜；然后把鳟鱼放入锅里面，用小火烧开；倒入酱油和白糖等鱼煮熟以后，再将鱼捞入盘子里，锅里面留下适量的鱼汁，然后用湿淀粉勾一下芡，放入少许的醋，撒上葱花浇在鱼的身上即可。

五、食用注意

皮肤病、痛风患者忌用。

慈禧太后与“抓炒鳟鱼片”的故事

话说有一次慈禧用晚膳，传膳太监一声呼喊，从御膳房鱼贯走出一群宫女，捧着菜肴摆上席来。慈禧一见就摇头摆手，不曾尝一口就一股脑地叫撤下。这可急坏了膳房的御厨们，因为当晚安排这些菜肴，已费了厨师们的不少心思，结果仍讨不来太后的欢心。

正当御厨们面面相觑、无可奈何之际，平日里只知烧火的一个姓王的伙夫操起了勺把。只见他将用剩下的鳟鱼排去刺切片后放在碗里，又倒入一些蛋清和淀粉，胡乱地抓了一阵子，便投入锅内烹调起来……

待菜肴盛入盘内，御厨们看了皆表示不敢恭维，此等杂乱无章的菜，怎能登大雅之堂？一位深知慈禧饮食怪癖的老御厨，主张不妨进上去试试。慈禧此时正有微饿之感，忽然一阵异香扑鼻，只见端到面前的这道菜，色泽金黄，油亮滑润，早已食欲大开，便举箸一尝，不禁叫好，随口问道：“这是一道什么菜呀？怎么从前不曾做来？”

上菜的太监以为老佛爷怪罪下来，慌忙跪下回禀。常言道“急中生智”，那太监在下跪刹那，脑中忽然浮现刚才伙夫做菜时胡乱抓了又炒的情景，便信口诌道：“回老佛爷，此菜名叫‘抓炒鳟鱼片’，是膳房一个伙夫为老佛爷烹制的，故而不在膳房食谱之列。”

慈禧听了小太监的一席话，对这道别出心裁的抓炒菜肴更产生了兴趣，便传旨要伙夫来见。

御厨们听说老佛爷传见伙夫，都为他捏了一把冷汗。不料慈禧对伙夫的手艺大加夸奖，并赏他白银和尾翎。因其姓王，又即兴封他为“抓炒王”，由伙夫提为御厨，专为太后烹调抓炒菜。

从此，“抓炒鱼片”闻名宫廷，并逐渐形成了宫廷的四大抓炒，即抓炒里脊、抓炒鱼片、抓炒腰花、抓炒大虾。“抓炒鱼片”也成为北京地方风味中的独特名菜。

鲑鱼

自云危楼开破牖，尽见山屏群玉倚。
远从台馆听笙箫，更煮鲑鱼倾浊醴。

——《简虞子建》（节选）
（南宋）张镃

一、食材基本特性

拉丁文名称，种属名

鲑鱼（*Oncorhynchus keta*），又称大马哈鱼、鲑鳟鱼、赤眼鳟、三文鱼、大西洋鲑等。鲑鱼是鲑形目鲑科鲑鱼属鱼类。

形态特征

鲑鱼外形漂亮，整体呈银色，背和鳍上有斑点。

习性，生长环境

鲑鱼养殖区域主要分布在黑龙江、吉林、辽宁、甘肃、四川、贵州、云南、西藏、河南、安徽、广东、青海等23个省区市。

鲑鱼的食物主要为浮游生物、昆虫幼虫、小虾和小鱼。它们的味觉很好，人们通常认为鲑鱼就是靠味觉从海洋重新游回到它们原来的出生地，这往往要逆流而上经过很多的障碍。有些鲑鱼一直生活在内陆，一生都在淡水河中。

二、营养及成分

鲑鱼肉含有热量、蛋白质、脂肪等营养物质。每100克鲑鱼的部分营养成分见下表所列。

蛋白质	28克
脂肪	4克

鲑鱼不含碳水化合物，富含蛋白质，还含有丰富的omega-3脂肪酸、色氨酸、维生素D和硒以及维生素B_{12}和B_3。此外，鲑鱼也是磷、镁和维生素B_6的极好食物来源。

鲑 鱼

三、食材功能

性味 味甘，性温。

归经 归胃经。

功能

（1）鲑鱼有补虚劳、健脾胃、暖胃和中的功能。中医理论认为鲑鱼可治消瘦、水肿、消化不良等症。

（2）鲑鱼具有增强脑功能、防治老年痴呆和预防视力减退的功效，能有效地预防诸如糖尿病等慢性疾病的发生、发展，具有很高的营养价值，被誉为“水中珍品”。

（3）鲑鱼富含二十二碳六烯酸（DHA）和二十碳五烯酸（EPA），这两种不饱和氨基酸对于神经系统及视网膜生长极为有利，对小孩的脑部和眼睛发育有极大的帮助。

（4）鲑鱼的肉质鲜美，含有多种维生素，经常食用可降低血管内的脂肪，缓和人的情绪，降低患上风湿性关节炎和哮喘病的概率。

咖哩鲑鱼

（1）材料：鲑鱼排、椰奶、咖哩酱、糖、鱼露、红辣椒（切成条状的）、盐、食用油等。

（2）做法：将平底锅以中火加温，放入3汤匙的椰奶搅拌至沸腾；加入咖哩酱，炒香；放入鲑鱼排，煎至快熟，再加入剩余的椰奶；以鱼露和糖调味，煮至油与酱汁分隔；洒上酸橙叶与红辣椒，熄火既可。

咖哩鲑鱼

鲑鱼炒牛肝菌

（1）材料：牛肝菌、鲑鱼、油菜、葱花、姜片、盐、食用油、高汤调味料等。

（2）做法：牛肝菌切片、鲑鱼切片、油菜一切为二；油锅烧热，葱姜煸香，下牛肝菌、鲑鱼、油菜翻炒，加调料烧至入味，出锅即可。

五、食用注意

（1）鲑鱼含有较多的嘌呤，痛风、高血压患者不宜食用，糖尿病患者忌食，对海产品过敏者慎食。

（2）鲑鱼与柿子同食，鲑鱼中的蛋白质会与柿子中的鞣酸凝结成鞣酸蛋白，聚集在人体内，从而引起呕吐、腹痛、中毒等症状，鲑鱼与柿子同食，很容易引起中毒，甚至会致人死亡。

大马哈鱼的传说

相传，清朝乾隆年间，黑龙江和乌苏里江生活着汉、满、赫哲等民族，他们或以渔猎为生，或种植庄稼。由于自然资源丰富，又远离政治、交通中心，这里的百姓生活相对富足而平静。可这时，离这里很远的沙皇俄国派兵打了过来，并占领了这里，枪杀中国百姓，抢夺财物，驱赶中国人。乾隆皇帝得知后，立即派白马大将军前来征讨，几万大军冲过乌苏里江，横扫沙皇军队。

可没多久，几万大军的粮草就接济不上了，那时乌苏里江江东人烟稀少，山高岭大，到处是荒野森林，交通不便，内地粮草运不上来，而俄罗斯沙皇军队又要卷土重来，情形万分危急。这个情况被龙王爷知道了，紧急下令海中各种大鱼全都进乌苏里江解白马将军之围。各种大鱼得令，作队为伍奔赴乌苏里江，就在白马将军一筹莫展之际，忽听乌苏里江水声哗哗，翻波涌浪。只见江中全是摇头摆尾的大鱼，立即命令士兵下江捕捞。捕出的鱼堆成了山，士兵们吃了，不但解除了饥饿，而且有了劲。但战马对吃鱼很有选择，它们只吃一种鱼，哪里有这种鱼战马就奔哪里去，高兴得直叫唤，像人哈哈大笑一样。因此，后来人们就管这种鱼叫大马哈鱼。战马吃了大马哈鱼，驮着白马大将军和他的几万将士们，很快就击退了沙皇军队的进攻，并把他们打到库页岛以北。

从此，沙皇连续多年都没敢再进犯清朝边界，大马哈鱼也名扬天下。而大马哈鱼解白马大将军之围的故事也一代一代地传下来。

鲥鱼

五月鲥鱼已至燕，荔枝卢桔未应先。
赐鲜徧及中珰第，荐熟谁开寝庙筵。
白日风尘驰驿骑，炎天冰雪护江船。
银鳞细骨堪怜汝，玉箸金盘敢望传。

——《鲥鱼》（明）何景明

一、食材基本特性

拉丁文名称，种属名

鲥鱼（*Tenualosa reevesii*），又名时鱼、三来鱼、三黎鱼等。鲥鱼是鲱形目鲱亚目鲱科鲥属鱼类。

形态特征

体型呈椭圆形。头部扁，前端钝。头背光滑。顶骨缘无细纹，部分鲥鱼顶骨缘有窄细纹。吻部圆钝，中等长度。眼睛较小，位于头部侧前位，脂眼睑较为发达，几乎覆盖眼的1/2。眼间隔较窄，中间隆起。鼻孔明显，距吻端较距眼前缘稍近。口小，无齿，舌发达，上下颌等长。前颌骨中间有一处显著的凹陷，上颌骨的末端延伸到眼中央后下方，下颌骨末端延伸至眼后缘后下方。鲥鱼鳃盖光滑，鳃孔大，向头腹部开孔止于眼睛前下方。鳃盖膜不与峡部相连。鳃耙细密，数量多。假鳃发达。肛门紧靠于臀鳍的前方。

习性，生长环境

鲥鱼分布于福建、江西、海南、浙江、广东、香港、澳门、台湾等地区，在渤海、黄海、东海、南海近海域均有分布，淡水中以钱塘江和长江产量最多。

二、营养及成分

鲥鱼肉含有热量、蛋白质、脂肪等营养物质。每100克鲥鱼的部分营养成分见下表所列。

脂肪	17克
蛋白质	16.8克
碳水化合物	0.2克
胆固醇	0.2克

鲥鱼同时含维生素A、B_1、B_2、B_6、B_{12}、C、E以及钙、铁、锌、硒、镁、锰、铜、钠、钾、磷等元素，还有多种氨基酸、胡萝卜素、烟酸等生物活性物质。

三、食材功能

性味 味甘，性平。

归经 归脾经、肺经。

功能

（1）鲥鱼肉温中益气、暖中补虚、开胃醒脾，有补益虚劳、滋补强壮功能，也有清热消炎解毒疗疮功效。民间验方有用鲥鱼清蒸的油脂治疗水火烫伤，疗效甚佳。

（2）鲥鱼鳞的药用价值很高，将芝麻油与鲥鱼鳞熬成油膏，或将鱼鳞焙干为粉，是中毒、烫伤、烧伤、腿疮、下疳及血痣流血不止的特效药。

（3）鲥鱼味鲜肉质细腻，营养价值高，其蛋白质、脂肪及钙、磷、铁等多种微量元素含量丰富。鲥鱼的脂肪含量高，几乎居鱼类之首，其富含的不饱和脂肪酸，具有降低胆固醇的作用，对防治动脉粥样硬化、高血压和冠心病等非常有益。

清蒸鲥鱼

（1）材料：鲥鱼、笋干、香菇、肥肉、火腿、香菜、料酒、味精、盐、食用油等。

（2）做法：洗净鲥鱼，入沸水焯水；笋干、香菇、肥肉、火腿洗净切丝，香菜洗净切碎沫；将笋干丝、香菇丝、肥肉丝、火腿丝和葱姜丝层叠码放在鲥鱼上，加入盐和花椒，浇熟猪油、料酒、味精和适量清汤，上大火蒸15分钟，等到鱼眼凸出、鱼肉嫩熟取出，去除花椒；再另起锅倒入些许汤汁，大火烧开后加入味精调味，倒入少量熟油，淋在鱼身上，最后撒上香菜出锅。

清蒸鲥鱼

红烧鲥鱼

（1）材料：鲥鱼、冬菇、笋干、葱、姜、蒜、盐、糖、生抽、料酒、食用油等。

（2）做法：将鲥鱼纵剖两半，除去鱼鳃、内脏和黑色腹膜，洗净后入油锅中煎至两面金黄；冬菇、笋切成薄片，板油切成似蚕豆大小的丁状；油锅烧热，放入板油丁，与笋片、冬菇片、葱、姜一起煸炒后，下入鲥鱼；倒入盐、糖、生抽、料酒、味精和适量的清水，用旺火烧开，再转小火焖15分钟，收浓汁即成。

五、食用注意

（1）体质弱、营养不良、心血管病患者、儿童和产妇适宜；

（2）多吃易生疥疮，所以有过敏和瘙痒皮肤病的人要避免食用；

（3）患有痛症、红斑狼疮、淋巴结核、支气管哮喘、肾炎或痈疖疔疮者不得进食。

康熙与鲥鱼

鲥鱼一度曾为敬奉皇帝的“御膳”珍肴。公元1683年，清朝康熙皇帝为了品尝扬子江的鲥鱼，要各地安设塘坎，日悬旌，夜悬灯，备马三千余匹，役使数千人运送鲥鱼。从镇江到北京沿途三省，每县官督率人运土修桥，铲石修路，昼夜奔忙。清代著名诗人吴嘉纪曾写道：“打鲥鱼，供上用，船头密网犹未下，官长已备驿马送。樱桃入市笋味好，今岁鲥鱼偏不早。观者倏忽颜色欢，玉鳞跃出江中澜。天边举匕久相迟，冰镇箬护付飞骑。君不见金台铁瓮路三千，却限时辰二十二。”

刀鲚鱼

肩耸乍惊雷，腮红新出水。
芼以姜桂椒，未熟香浮鼻。

——《走笔谢王去非遣馈江鲚》（南宋）刘宰

一、食材基本特性

拉丁文名称，种属名

刀鲚鱼（*Coilia nasus*），又名长江刀鲚、刀鱼、毛花鱼、野毛鱼、梅鲚等。刀鲚鱼是鲱形目鲱亚目鳀科鲚属鱼类。

形态特征

刀鲚鱼体长、甚侧扁，向后逐渐变得细尖，呈镰刀状，故而得名。一般体长18~25厘米、体重10~20克。吻短圆，口大而斜、下位。体侧两边被大而薄的圆鳞，腹具棱鳞，无侧线。胸鳍上部有丝状游离鳍条6根；背鳍、臀鳍各1个，臀鳍比较长，直至尾尖，与尾鳍相连，尾鳍小而呈尖刀形。头部和背部呈浅蓝色，体侧呈微黄色，腹部为灰白色。各鳍基部均呈米黄色，尾鳍边缘为黑色。

习性，生长环境

刀鲚鱼常生活于沿海、河口等区域。刀鲚鱼为洄游性鱼类，以桡足

刀鲚鱼

类、枝角类、轮虫等浮游动物为主要食物，此外也吃小鱼的幼鱼；摄食的种类常与栖息地及鱼体大小有关。每年2月下旬至3月初，刀鲚鱼成群结队由大海进入江河及其支流或湖泊中进行产卵洄游。幼鱼当年即可孵出并顺流而下，在河口或咸淡水中生活。

二、营养及成分

刀鲚鱼肉含有热量、蛋白质、脂肪等营养物质。每100克刀鲚的部分营养成分见下表所列。

蛋白质	17.7克
脂肪	4.9克
钾	280毫克
磷	191毫克
钠	150.1毫克
胆固醇	76毫克
镁	43毫克
钙	28毫克
碳水化合物	3.1克
烟酸	2.8 毫克
铁	1.2毫克
锰	0.2毫克
维生素E	0.1毫克
锌	0.1毫克
铜	0.1毫克
维生素B_2	0.1毫克

三、食材功能

性味 味甘，性平。

归经 归脾经。

功能

（1）刀鲚鱼含有蛋白质、脂肪、锌和硒等，有利于儿童大脑的发育。

（2）刀鲚鱼对慢性胃肠功能障碍和消化不良有一定作用。

（3）药理研究还发现刀鲚鱼所含的锌可以增加血液中的抗感染淋巴细胞，并在临床上证实刀鲚鱼有益于增强机体对化疗的耐受性。

四、烹饪与加工

清蒸刀鲚鱼

清蒸刀鲚鱼

（1）材料：刀鲚鱼、油、盐、料酒、蒸鱼豉油、姜、葱等。

（2）做法：将刀鲚鱼去除内脏洗净，注意刀鲚鱼鳞不用去除，将刀鲚鱼放入蒸盘，加入姜丝，葱段、盐和料酒，起锅烧水，待水开后隔水蒸5分钟，关火，焖2分钟后取出撒上葱花，浇上热油，四边淋入蒸鱼豉油即可。

土豆刀鲚鱼

（1）材料：刀鲚鱼、土豆、盐、食用油、调味料等。

（2）做法：刀鲚鱼洗净切成段，晾干水分；起锅，放油，油热后开始煎刀鲚鱼，小火煎成两面金黄色；加入切好的土豆片，加入清水至没过土豆片即可；大火将水烧开后，转中火慢慢炖熟，加盐，炖熟后大火收汁，调味，出锅。

五、食用注意

（1）传统中医理论认为对于患有湿热以及疥疮瘙痒等疾病的人群来说，刀鲚鱼是不能食用的。

（2）痛风这类的疾病主要是因为我们的身体中嘌呤的代谢发生紊乱而出现的，而刀鲚鱼中含有大量的嘌呤类物质，所以说痛风患者是不适合吃刀鲚鱼的。

越军食鲚鱼灭吴国的传说

传说春秋末年，越王勾践经过“卧薪尝胆”，积蓄了力量，对吴国发起决战，报仇雪耻。当时的吴王夫差由于得到了西施，终日宴饮作乐，荒淫无度，残害忠良。百姓怨声载道，不愿替他卖命打仗。开始，越军节节胜利，后来受阻于太湖水面，无法攻克吴国都城，战争相持不下。越军军粮快要吃光，正欲撤退之际，忽然在越军的战船四周，浮游起成群结队的小鱼，这种小鱼就是刀鲚，据说是由吴王夫差吃剩后倒进太湖里的鲙鱼残肉、残骨变的。越军捕捞而食之，士气重振，很快攻进了吴国都城（今苏州），灭了吴国。关于这段传说，晋代张华著的《博物志》中曾有所记载。

银鱼

平桥永昼。惯柔浪寸鳞，来问春后。长是船横鸭嘴，派流莺脰。高人不见元真子，但烟波、到今依旧。苇汀花岸，千丝作网，笑伊还漏。更比似、针锋细瘦。好分付吴娘，柂楼烹就。翠釜芹芽菽乳，入瓯芳溜。鸥乡占取閒滋味，任年年、阻风中酒。几分纤软，堪人断肠，忆鲈能否。

——《桂枝香·银鱼》（清）厉鹗

一、食材基本特性

拉丁文名称，种属名

银鱼（*Hemisalanx prognathus*），又名炮仗鱼、面丈鱼、面条鱼、帅鱼、白饭鱼等。银鱼是鲑形目胡瓜鱼亚目银鱼科间银鱼属鱼类。

形态特征

银鱼体纤细。近圆筒形，后段略扁，体长约12厘米。头部扁平。眼大，嘴大，吻长而尖，呈三角形。上下颌几乎等长；上颌骨、下颌骨和口盖上都生有一排细齿，下颌骨前部具犬齿1对。下颌前端有一肉质突起。背鳍11～13枚，约在体后3/4处。胸鳍8～9枚，臀鳍23～28枚，与背鳍相对；雄鱼臀鳍基部两侧各有一行大鳞，一般为18～21个。背鳍和尾鳍中央有一透明小脂鳍。体柔软无鳞，全身透明，死后鱼体颜色呈现乳白色。鱼体两侧各有一排黑点，腹部自胸部起经腹部至臀鳍前有2行平行的小黑点，沿臀鳍基左右分开，后端合而为一，直达尾基。此外，在尾鳍、胸鳍第一鳍条上也散布小黑点。

银　鱼

习性，生长环境

银鱼主要分布于我国的渤海、黄海、东海沿岸及长江中下游、淮河流域等地区的水体，其中太湖、洪泽湖和巢湖等，是我国久负盛名的银

鱼产地。随着我国水产养殖业的迅速发展，人工移植驯化逐渐扩大了我国银鱼的分布区。全国人工移植银鱼的湖泊、水库达70多个，移植面积约400万亩，年产银鱼6000吨左右。

二、营养及成分

银鱼肉含有热量、蛋白质、脂肪等营养物质。每100克银鱼的部分营养成分见下表所列。

蛋白质	17克
脂肪	4.2克
胆固醇	360毫克
钾	246毫克
钙	46毫克
镁	25毫克
磷	22毫克
钠	8.6毫克
维生素E	1.9毫克
铁	0.9毫克
烟酸	0.2毫克
锌	0.2毫克
锰	0.1毫克
维生素B_2	0.1毫克

三、食材功能

性味 味甘，性平。

归经 归脾经、胃经、肺经。

功能

（1）银鱼是高蛋白、低脂肪鱼类，营养充足，经常食用有利于人体免疫功能的改进。基本没有大鱼刺，适宜老人与小孩子食用。

（2）银鱼属高钾、低钠食品，有利尿降压作用，不仅可以预防和治疗肝脏病及胃、肠道溃疡，而且也适合高血压患者、肥胖者和中老年人食用。

（3）银鱼中还含有微量元素镁，能够维护骨骼健康和神经系统功能，防治心血管疾病。

四、烹饪与加工

虾仁银鱼金瓜盅

（1）材料：适量的银鱼、南瓜、虾仁、西兰花、鸡蛋、麻油、小葱、盐、食用油等。

（2）做法：将银鱼清洗干净，虾仁泡水洗净后沥干备用；碗中打入鸡蛋，加入适量的食用盐以及麻油，搅拌均匀后放一旁备用；将小葱切成葱花，南瓜从顶部削掉，挖去里面的籽，使其成为一口盅；取适量清水加入锅中，烧开后放入西兰花焯一遍，焯好之后捞出沥干净水分备用；将南瓜放入蒸锅中蒸10分钟左右取出备用；然后将准备好的银鱼放入南瓜盅里，再把虾仁放在银鱼上，然后用滤网将蛋液过滤到南瓜盅里备用；锅中倒入适量的清水，烧开之后将南瓜盅放入锅中大火蒸20分钟左右，最后淋上适量的麻油以及撒上少许的葱花就可以食用了。

银鱼虾仁炒饭

（1）材料：2碗米饭、20克银鱼、20克虾米、20克胡萝卜以及适量的小葱、大蒜、生姜、小白菜、酱油、盐、食用油等。

（2）做法：将胡萝卜洗净切丁备用，小葱切葱花备用，银鱼洗干净，虾仁泡水备用，生姜切片，大蒜去皮后切片备用；锅中倒入适量的食用油，油烧热之后放入姜蒜爆香，接着放入银鱼和虾仁，翻炒5分钟后盛出备用；接着锅中倒油，油热之后放入小白菜，炒熟盛出备用，然后再将胡萝卜、葱花、蒜片一起炒，再加入煮好的米饭，翻炒均匀后加入盐和酱油继续翻炒，然后再加入银鱼、虾仁以及小白菜，翻炒均匀后就可以出锅了。

银鱼虾仁炒饭

五、食用注意

银鱼适宜减肥期间食用，但胆固醇含量相对较高，一次不宜食用过多。

银鱼前世的传说

话说在远古时代，无锡的西太湖边有个白杨湾，素有九里十八湾之称。它南连三万六千顷太湖，北接千亩桑田。这桑田主头长得像猴头，且脸上长着四颗豌豆大的麻子，故人们送给他一个“四麻子”的绰号。由于四麻子为人奸刁，仗势欺人，无恶不作，臭名昭著得没有哪一个姑娘肯嫁给他，所以他到三十多岁时还是光棍一个。

在他家众多的桑农中要数李甲、金妹夫妇俩最忠厚老实，他们只有一个叫桑珠的独养女儿。桑珠长到十五六岁时就已亭亭玉立、容貌超群，采桑养蚕更是巧手一双，乡邻昵称她为桑姑娘。

有天四麻子到桑田里游荡，突然他的贼眼看见了采桑叶的桑姑娘，不由垂涎三尺，决定要想办法娶她做老婆。他马上回了家，当夜就叫媒婆带着彩礼白银到桑珠家说媒，但遭一口回绝。

媒婆告之，四麻子恼羞成怒。

第二天一早就传话过去，不许李甲一家采桑！蚕儿没桑叶吃会饿死的，父女俩只得驾起乌篷船向湖对岸湖州的阿姨家求援。四麻子获悉后立即带领五六个家丁拿了竹箩直奔李甲家，将十几匾蚕都倒进竹箩，扛到湖边，倾倒在了太湖里。

再说李甲父女到第二天早晨才借了桑叶归来。乌篷船刚靠上岸，就听见乡亲们对着湖水中的蚕儿唉声叹气。问明来龙去脉后不由怒火中烧又气又急，桑珠奔到湖边从水中捧起蚕儿，嘴唇一咬眼圈一红心头一酸，扑簌簌的眼泪像珍珠般掉进湖里溶进水中，说来也奇，只见一条条蚕儿扭着扭着，竟渐渐变成了一尾尾银色的白鱼在游动！桑珠不由转悲为喜，乡亲们也高兴得手舞足蹈。

正在此时湖上驶来一只彩船，四麻子带着狗腿子准备强抢桑姑娘与之成亲，桑珠见状气得牙齿咬得咯咯响，用手把大黑辫往脑后一甩准备投湖自尽。在这千钧一发之际，一条黑龙从天而降，龙尾一扫就把彩船扫翻。说时迟那时快，只见成千上万条小白鱼齐心协力游动起来，顿时白浪滚滚。一会儿工夫就将彩船、四麻子以及狗腿子们翻卷到湖底去了。从此以后，太湖里就有了许许多多雪白晶莹的银鱼。

鳝鱼

瞰水比连阁，开山上下庐。
四时篁有笋，两岸鳝多鱼。
白苧男抽肃，新丝女卷舒。
吾曹嗟跋涉，不合早看书。

——《建剑风土》
（南宋）陈藻

一、食材基本特性

拉丁文名称，种属名

鳝鱼（*Monopterus albus*），又名黄鳝、田鳝、田鳗、长鱼、血鱼、罗鱼、无鳞公子等。鳝鱼是合鳃鱼目合鳃鱼科黄鳝属鱼类。

形态特征

鳝鱼身体细而长，形似蛇；圆头、尖嘴、小眼，眼睛外面有一层防止泥沙侵入的皮膜覆盖着。眼与吻端间两侧有2个鼻孔，鼻孔内有发达的嗅觉小褶，嗅觉极灵敏。鳝鱼体表无鳞有黏液，无胸鳍、腹鳍，背侧呈黄棕色，全身满布不规则的棕色斑点，腹部橙黄色，并有淡色的条纹，或呈青灰色，侧线发达，稍向内凹。鳝鱼的个体差别较大，一般重量为100克左右，但最大个体可达1.5千克以上。肠短无盘曲，但消化力强。鳝鱼无鳔。个体较小者为雌性，雌性体内仅存左侧卵巢，右侧卵巢退化，怀卵量视个体大小略有差异，一般为200～1000粒；个体大者为雄性，其卵巢已转化为精巢。

鳝　鱼

习性，生长环境

除了北方的黑龙江，西部的青海、西藏、新疆以及华南的南海诸岛等地区很少以外，我国大部分地区都自然分布有鳝鱼，特别以长江中下游地区分布密度大、产量高。近年来我国大力发展水产业，人工引进养殖，除西藏及青海的部分地区外，新疆、海南等也有不少地区引进鳝鱼养殖。因此，目前鳝鱼已广泛分布于我国各地淡水水域。

二、营养及成分

鳝鱼肉含有热量、蛋白质、碳水化合物、脂肪等营养物质。每100克鳝鱼的部分营养成分见下表所列。

蛋白质	17克
碳水化合物	1.3克
脂肪	1.5克
钾	260毫克
磷	204毫克
胆固醇	124毫克
钠	70毫克
钙	41毫克
镁	17毫克
烟酸	3.6毫克
铁	2.3毫克
维生素E	1.3毫克
锌	2毫克
锰	2毫克
维生素B_2	1毫克
维生素B_1	0.1毫克

三、食材功能

性味 味甘，性温。

归经 归肝经、脾经、肾经。

功能

（1）益气补血，强精壮骨，祛风除湿。多用于病后体质虚弱，气血不足，风寒湿痹以及妇人产后恶露淋沥，血气不调，有止血、除去腹中冷气肠鸣等作用。制成的黄鳝鱼素，具有显著的降血糖作用。

（2）鳝鱼属于常用的滋补品，在病后、产后等虚弱时期最适合食用。鳝鱼属于高蛋白食物，在身体虚弱时食用能有效促进身体恢复。

四、烹饪与加工

鳝鱼汤

（1）材料：鳝鱼、生姜、香菜、盐、食用油、调味品等。

（2）做法：洗净鳝鱼，去除内脏，切段后放入锅中加水，生姜去腥；煮30分钟后加盐等调味品，根据个人喜好加香菜，即可出锅。

红烧鳝鱼

（1）材料：鳝鱼、春笋、葱、姜、蒜、盐、食用油、调味品等。

（2）做法：洗净鳝鱼，去内脏，切段，焯水；准备葱姜蒜，锅内放油，烧热后放姜蒜，然后放鳝鱼段；加酱油、白糖，翻炒均匀；加适量清水，放入春笋，焖煮一段时间，然后大火收汁；撒点葱花即可食用。

红烧鳝鱼

五、食用注意

（1）由于鳝鱼血液有一定的毒害，宰杀后务必把血放干净。烹饪时一定要煮熟，以利于杀死病菌和破坏血清中的毒素。死亡比较久的鳝鱼一定不要食用，其死亡后产生的组胺对人体健康可能造成不利的影响。疟疾、痢疾和口干舌燥的人不宜食用。

（2）鳝鱼吃多了不容易消化，还可能导致一些旧病的复发。另外野生黄鳝的寄生虫数量会比较多，建议买人工养殖的鳝鱼。

济公与黄鳝精

济公出生的时候，也是个白白胖胖、漂漂亮亮的孩子，可后来怎么变成这副邋遢相呢？

相传，江南水乡有个白洋湖，湖边居住着许多农户，他们不但以白洋湖中的水灌溉稻田，洗涮饮用，而且在湖中还放养了一群群的大白鹅和鸭子。可是，后来农家经常发现丢失鸭子，早晨放到湖面上，到晚上归窝时总是要缺少几只，发展到后来不但缺鹅少鸭，连人也渐渐少了。到了夏天，一些孩子下水游泳洗澡，常常下去就浮不上来了，弄得人心惶惶，妇女不敢到湖边去洗衣服，男人不敢到湖里去洗澡，说是这湖里有了水鬼。

这一消息被一位过路的道士知道后，这个道士自称能擒妖捉怪，他命村民在白洋湖上搭起高台，点起香烛，并准备了三道符咒。道士口里念念有词，把第一道符咒点燃，往水中抛去，水面上涌起一股水泡。道士又把第二道符咒点燃向河中抛去，水面上冒出一个人不像人、鬼不像鬼的斗大的头来。道士赶紧点燃第三道符咒，往那怪物头上抛去，正要取剑去砍时，谁知那怪物翻江倒海滚动起来，道士不但没把它砍死，他那用来作法的高台反被它震得摇摇晃晃，差点儿没把道士摔到湖里去。道士吓得面如土色，赶紧逃上岸来，灰溜溜地逃走了。

这时正好济公云游四方，经过白洋湖，他见河边人声喧嚷，慌慌张张逃奔，就过去问他们出了什么事，村民向济公诉说了事情的经过，济公说：你们不必惊慌，让我来收拾这个怪物吧。济公登上降妖台，用的也是三道符：第一道符点燃朝湖中抛去，湖面上泛起一阵白色泡沫；第二道符抛下去那妖怪伸出斗大的头来；济公将第三道符抛下去随即口里念念有词：“唵嘛呢叭咪吽！”一伸手就掐住了妖怪的脖子，将它提到岸上大家一看，原来是一条大如斗粗的黄鳝精，是它躲在湖底吞吃下水的孩子与鹅鸭。

济公非常高兴，他说这么大的黄鳝，人吃了能补身体。他把这条大黄鳝倒挂起来，割开它的脖子，将黄鳝的热血滴进老酒内，又将黄鳝肉烧熟下酒，吃得津津有味。可是吃完之后，济公觉得浑身发热汗流满面，村民见济公热坏了，忙拿了把芭蕉扇给他，济公拿起芭蕉扇，觉得越扇越有劲，很想腾空飞翔，于是他就拿芭蕉扇边跑边扇，不知跑了多少路，把他鞋子的后跟也跑掉了，身上的衣服也被风和树枝划破了，那把芭蕉扇也破得一条一条的了。于是就成了这个破破烂烂的样子。济公原来是长得白白胖胖的，由于喝了黄鳝血冲的酒，他的脸也变黑了。

鱵鱼

鱵鱼生就洛水河，二曹争妃结苦果。
封神未将贵迹去，留却美肴香满厨。

——《咏鱵鱼》民谣

一、食材基本特性

拉丁文名称，种属名

鱵鱼（*Hemirhamphus sajori*），又名箴鱼、铜哾鱼、姜公鱼、针工鱼、针鱼、针扎鱼、单针鱼等。鱵鱼是颌针鱼目鱵科下鱵鱼属鱼类。

形态特征

鱵鱼体细长，略呈圆柱形，体长16～24厘米。头长而尖，顶部及两侧面较平。眼较大。口中等，上颌尖锐，呈三角形的片状，中央略有线状隆起。下颌延长为一扁平针状喙。牙细小，每牙有3牙尖，于两颌排列成一狭带。鳃孔宽，鳃盖膜不与颊部相连。圆鳞薄而易脱落，侧线很低，位于体两侧近腹缘，侧线鳞102～112（9～10）/（4～5）片，背缘微凸，背鳍15～17枚，位于体后与臀鳍相对。臀鳍16～18枚。胸鳍13枚，短宽。腹鳍小。尾鳍叉状，鱼身呈银白色，头部及上下颌皆呈黑色，下颌喙尖端鲜红色。体背暗绿色，中央自后头部起有一较宽的绿黑色线条。体侧各有一银灰色纵带。

鱵　鱼

习性，生长环境

在我国鱵鱼主要分布于黄海、东海及长江等各大河口。鱵鱼在淡水和咸水中均能生存，长度约为15厘米，以浮游生物为食，鱼群有“顶水”的自然习性。

二、营养及成分

鱵鱼肉含有热量、蛋白质、脂肪等营养物质。每100克鱵鱼的部分营养成分见下表所列。

蛋白质	20.1克
脂肪	10.3克
碳水化合物	1.4克

鱵鱼还含有维生素A、B_1、B_2、E等维生素，以及钙、铁、硒、磷等元素和多达15种氨基酸。

三、食材功能

性味 味甘，性平。

归经 归脾经、肾经、胃经。

功能

鱵鱼为高蛋白、高脂肪鱼类，富含多种维生素、氨基酸及微量元素，特别是硒元素，有预防心血管疾病和延缓衰老作用，脂肪酸不但可以降低胆固醇水平，还能促进大脑发育。

四、烹饪与加工

九州鱵鱼

（1）材料：鱵鱼、葱、姜、蒜、笋干、蘑菇、鸡肉、盐、食用油、调味料等。

（2）做法：将清洗过的鱵鱼抽筋后，在鱼的两边等距离割开五六刀，然后涂上盐和料酒腌30分钟以上；在锅中加油烧，直到七成热；将鱼煎至微黄，捞出并放在一边；在锅中留大约一两油，加热至四成热，改用小火将生姜、大蒜、小葱炸出香味；加适量水，放入鱵鱼、酱油和调味盐烧大约3分钟，把鱼翻面后再烧3分钟；捞起鱼并放入盘中，汤汁勾芡后淋在鱼上即可。

九州鱵鱼

五、食用注意

鱵鱼勿与羊肉同食，亦不可用动物油煎炸。

魏文帝皇后与鱼

相传，鱵鱼是魏文帝甄皇后被赐死后所变。甄皇后本是曹丕为太子时的爱妃，因为生有后代，在曹丕登基后，就被册封为甄皇后。

据传，甄皇后和曹丕的弟弟曹植有私情往来，曹丕将甄皇后赐死，其死法是用金针戳在鼻梁正中央，直穿下颌后投入洛水，死后就变成带针的鱼生存于洛水之中。因甄后原是天上玉皇大帝的表妹下凡投胎于人世，玉帝念其死得冤屈，封其为洛水之神，封神后，鱵鱼身未隐。

后来，由于甄皇后与曹植情缘未了，曾在洛水会面，洛神赠曹植耳环，曹植赠洛神玉佩。曹植曾为此次相会挥笔写下《感甄赋》。

魏明帝继位后，见赋里全是皇叔和皇后的瓜葛，有损皇家声誉，就把赋的名字改成《洛神赋》以作掩饰。

鮠鱼

粉红石首仍无骨，雪白河豚不药人。
寄语天公与河伯，何妨乞与水精鳞。

——《戏作鮰鱼一绝》（北宋）
苏轼

一、食材基本特性

拉丁文名称，种属名

鮠鱼（*Leiocassis longirostris*），又名江团、白吉、鮰鱼、鮰鱼、白戟鱼、阔口等。鮠鱼是鲶形目鮠科鮠属鱼类。

形态特征

鮠鱼体较长，长约25厘米，为体高的5~6倍。吻锥形，向前显著突出。口下位，呈新月形，唇肥厚。眼小，须4对。上、下颌上均具锋利的细齿数排。肩骨显著突出，位于胸鳍前上方，侧线平直。背鳍的最后一根硬棘的后缘有细锯齿。胸鳍刺发达，臀鳍无硬刺。臀鳍前上方有一肥厚的脂鳍。全体裸露无鳞，背部稍带灰色，腹部白色；鳍为灰黑色。

习性，生长环境

鮠鱼主要分布于我国长江流域，生活于江河中，多栖于水的底层。鮠鱼捕食小型鱼类、虾、蟹、螺及水生昆虫等。鮠鱼产卵期为5—6月，冬季在有岩石的深水处越冬。

鮠　鱼

二、营养及成分

鮠鱼肉含有热量、蛋白质、脂肪等营养物质。每100克鮠鱼的部分营养成分见下表所列。

蛋白质	18.1克
脂肪	1.5克
碳水化合物	0.2克

鮠鱼还含有维生素A、B_1、B_2、B_3、C、E和胡萝卜素，以及钾、钠、铜、镁、铁、锌、锰、硒、磷等元素和多种氨基酸。

三、食材功能

性味 味甘，性平。

归经 归脾经。

功能

（1）鮠鱼富含多种维生素和氨基酸及不饱和脂肪酸，能有效地防治慢性感染疾病、糖尿病等，常食鮠鱼对人体健康有益，并有抗衰老的作用。

（2）鮠鱼肉有滋补健胃、利水消肿、通乳、清热解毒、止嗽下气的功效，对各种水肿、浮肿、腹胀、少尿、黄疸、乳汁不通皆有效。

（3）鮠鱼肉含有丰富的镁元素，对心血管系统有很好的保护作用，有利于预防高血压、心肌梗死等心血管疾病。

（4）鮠鱼肉中富含维生素A、铁、钙、磷等，常吃鮠鱼还有养肝补血、泽肤养发的功效。

（5）鮠鱼肉所含的蛋白质必需氨基酸中量和比值适合人体需要，易于被人体消化吸收。

四、烹饪与加工

剁椒蒸鮠鱼

（1）材料：鮠鱼、肥猪肉、葱姜丝、剁椒、盐、食用油、调味料等。

（2）做法：将鱼头劈开，鮠鱼肉斩成五段，沿鮠鱼脊骨剖开；切开的鮠鱼加盐、味精、胡椒粉、葱姜丝码好；葱姜切丝，肥猪肉切成细丝放入碟内，加入剁椒拌匀；腌好的鮠鱼码在盘中，撒上剁椒，再把用葱姜肥肉丝拌好的剁椒放在最上面；锅上火烧开，鮠鱼入笼，用大火蒸熟，蒸熟之后点上香油即可。

红烧鮠鱼

（1）材料：鮠鱼、小葱、生姜、料酒、酱油、糖、盐、食用油、调味料等。

（2）做法：清洗并沥干鮠鱼，切成小块，然后在八成热的煎锅中煎炸一会儿；把鮠鱼捞出并排干油；在锅中加入小葱、生姜和少许油，翻炒；放入鱼，加入黄酒、酱油、糖、味精和胡椒粉，翻炒几次，盖上锅盖烧约10分钟；最后用淀粉勾芡即可。

五、食用注意

（1）顽癣痼疾者忌食。

（2）痛风病患者少食或者不食。

苏东坡与鮠鱼（鮰鱼）

传说鮰鱼原是天上监管鱼族的神灵，因同情神鱼私自下凡，被玉皇大帝压在武昌黄鹤楼旁的长江中。不知过了多少年，有一天，黄鹤正翩翩戏掠江面，忽然听得江中有呼救之声，黄鹤循声潜至江底，看见一条鮰鱼被压在巨石之下。鮰鱼悲惨地向它哭诉了自己犯下天条受罚的经过，并请求黄鹤转奏天帝把它释放出来，为人造福。黄鹤听后十分同情，便飞向天宫奏请玉帝，此后玉帝免去对鮰鱼的惩处，让其在长江流域自由生活。

宋代文学家苏东坡谪居湖北黄州时，他品尝了鮰鱼的美味之后不禁挥毫写了《戏作鮰鱼》。诗中无限感慨地为鱼祈求，望天帝和河神能将这晶莹鲜嫩、无刺无鳞、胜似河豚而不害人的鱼种，赐封为黄州水域的神明。当然呼吁祈求只是开玩笑，但鮰鱼的美味长期留在人们的唇边。

鳗鲡

食鱼何必食河鲂，自有诗人比兴长。
淮浦霜鳞更腴美，谁怜按酒敌庖羊。

——《食鱼》（北宋）梅尧臣

一、食材基本特性

拉丁文名称，种属名

鳗鲡（*Anguilla japonica*），又名鳗鱼、溪滑、风鳗、白鳗等。鳗鲡是鳗鲡目鳗鲡亚目鳗鲡科河鳗属鱼类。

形态特征

鳗鲡属于洄游鱼类体长可超过100厘米，圆筒形，尾部稍侧扁。上下颌具细齿。鳞小，隐埋于皮下。背、臀鳍低，基部长，后端均与尾鳍相连。胸鳍小，腹鳍缺失。体无斑点。优质鳗鲡眼球饱满，角膜清亮，有弹性，有光泽，体表着一薄层透明黏液。

习性，生长环境

鳗鲡主要分布在中国沿海、四川境内的长江干流、金沙江、岷江、涪江、嘉陵江、沱江、渠江等水系的淡水溪流中。

鳗 鲡

二、营养及成分

鳗鲡肉含有热量、蛋白质、脂肪等营养物质。每100克鳗鲡的部分营

养成分见下表所列。

脂肪	17.9克
蛋白质	16.5克
碳水化合物	2.0克
磷	247.8毫克
胆固醇	176.8毫克
钙	59.8毫克
镁	22.9毫克
维生素E	4.9毫克
维生素B_3	3.8毫克
铁	2.2毫克
铜	0.2毫克

鳗鲡肉的特点是脂肪含量高，胆固醇含量也比较高。

鳗鲡的肝脏称为鳗肝，每100克鳗肝中含有维生素A 450~900微克，是患夜盲症人群的优良食物。

三、食材功能

性味 味甘，性平。

归经 归肺经、脾经、肾经。

功能

（1）鳗鲡，补虚益血，杀虫祛风湿，对骨蒸潮热、消瘦体倦、小儿疳积、风湿痹痛、脚气肿痛、痔瘘便血、瘰疬溃烂有食疗助康复的效果。

（2）鳗鲡鱼含有丰富的蛋白质、各种氨基酸和维生素、微量元素等，因此，常吃鳗鲡鱼，可以提高人体免疫力，还可起到增加营养、强健肌体的作用。

红烧鳗鲡

（1）材料：鳗鲡、葱姜蒜、料酒、生抽、老抽、蚝油、盐、食用油、调味料等。

（2）做法：用80℃左右的水浇一下鳗鲡皮，去除鳗鲡身上的一层黏液，如果热水没有烫下来，就用刀刮净；刮干净黏液，将洗净的鳗鲡切段；锅中倒油，多一点，放入葱姜蒜等配料；放鳗鲡翻炒；放入料酒、生抽、老抽、蚝油进行翻炒；倒入水，烧开后放冰糖；继续小火焖煮20~30分钟，出锅前收汁，加入水淀粉勾芡，出锅。

红烧鳗鲡

清蒸鳗鲡

（1）材料：鳗鲡、料酒、盐、胡椒粉、葱姜、食用油、调味料等。

（2）做法：将鳗鲡洗净，放开水锅里烫一下，捞出，清除鳗鲡身上的黏液，切成个人喜欢的形状，放大盘里再加料酒、盐、胡椒粉、葱姜，腌20分钟；蒸前放少许猪油在鱼身上；蒸锅水烧开，放鳗鲡进去蒸12分钟，焖3分钟即可。

五、食用注意

（1）痰湿、湿热体质应忌食或少食鳗鲡。

（2）吃鳗鲡最好现杀现烹，死鳗不宜食用。

（3）鳗鲡里面有多种微毒素，抵抗力低下的人最好不要吃，以免引起身体不适。

（4）鳗鲡虽然营养丰富，但是不全面，尤其是它几乎不含维生素C。故在吃鳗鲡的时候要注意搭配蔬菜食用，保证营养的全面摄入。

（5）鳗鲡一次不要吃太多，建议30～50克就可以了，否则不易消化，还有可能引发旧疾。

（6）吃鳗鲡的时候不要吃牛肝、羊肝、醋、白果、甘草及抗过敏的药物，否则可能会影响到人体对营养的吸收或者是引发身体不适。

鳗鲡的来历

相传，薛仁贵跨海东征，来到海边小坝洼里（地名）。他的马缰绳上头有个牛桦（铁钎子），走到哪里，他就把马头上的牛桦往泥里一刨，马就扣在那上头。

之后，辽国元帅盖苏文率军追来，薛仁贵拔桩想走，紧急中把马缰绳拉断了，桩就不曾拔得出来，丢在了泥里。之后这个马桩就变成了一条鳗鲡鱼精，成了精以后又幻化出许多小鳗鲡鱼。所以现在河边鳗鲡鱼很多，而且鳗鲡鱼总喜欢头钻在泥肚里，就是因为它是那个桩变的。

参考文献

[1] 陈寿宏. 中华食材 [M]. 合肥：合肥工业大学出版社，2016.

[2] 李思忠. 黄河鱼类志 [M]. 青岛：中国海洋大学出版社，2017.

[3] 沈凡. 淡水鱼垂钓全攻略 [M]. 合肥：安徽科学技术出版社，2016.

[4] 杨扩，张园林，陈刚强，等. 鲈鱼与养生 [J]. 畜牧与饲料科学，2014，35（1）：51-53.

[5] 方承莱. 松江鲈. 中国动物志 [M]. 科学出版社，2000.

[6] 张江凡，齐甜甜，董传举，等. 中国不同鲫鱼品系系统发育关系研究进展 [J]. 河南水产，2018（3）：25-27.

[7] 李越华，俞所银，任青，等. 鲫鱼在冷藏和微冻贮藏下品质变化的研究 [J]. 食品工业科技，2013，34（14）：335-338+362.

[8] 唐玉华. 池塘鲫鱼养殖技术 [J]. 农村新技术，2017（6）：28-29.

[9] 徐承旭. 翘嘴红鲌池塘养殖技术 [J]. 农家顾问，2011（000）010：44-45.

[10] 袁海延，杨质楠，蔺丽丽，等. 草鱼成鱼养殖与鱼病防治技术分析 [J]. 农家参谋，2019（17）：1.

[11] 徐顺梅. 浅析草鱼养殖技术 [J]. 吉林农业：学术版，2011（4）：1.

[12] 黄勇. 鱼类世界　斑斓的地球生命 [M]. 南宁：广西美术出版社，2013.

[13] 李文龙. 黄鳝的自然资源现状及养殖前景 [J]. 科学养鱼，2011（9）：2.

[14] 高志慧．黄鳝养殖实用新技术讲座——第二讲 黄鳝的生态习性与生物学特点［J］．渔业致富指南，1999（22）：3．

[15] 佚名．乌鳢的形态特征与生活习性［J］．农技服务，2009，26（4）：112．

[16] 高志远．中国野生乌鳢（Channa argus）遗传多样性分析［D］．广州：暨南大学，2013．

[17] 中国水产科学研究院东海水产研究所，上海市水产研究所．上海鱼类志［M］．上海：上海科学技术出版社．1990（12），200-203．

[18] 姚国成．鳜鱼养殖技术［J］．淡水渔业，1994，24（1）：3．

[19] 王松刚，朱建瑜，顾明．鳜鱼高产养殖技术［J］．科学养鱼，2010（4）：1．

[20] 黄文凤．杂交武昌鱼［J］．海洋与渔业，2016（1）：1．

[21] 陈锋，李正林．曲靖金线鲃人工繁殖研究［J］．科学养鱼，2014（4）：2．

[22] 柴铁劬．吃对食物 调好体质［M］．北京：中国纺织出版社，2016．

[23] 杨军．水生动物［M］．北京：中国华侨出版社，2012．

[24] 司有奇．黔南本草 下册［M］．贵阳：贵州科技出版社，2015．

[25] 马俪珍．鲶鱼实用加工技术［M］．天津：天津科技翻译出版公司，2010．

[26] “海洋梦”系列丛书编委会．游弋精灵 海洋动物［M］．合肥：合肥工业大学出版社，2015．

[27] 危起伟，杨德国．中国鲟鱼的保护、管理与产业化［J］．淡水渔业，2003（3）：3-7．

[28] 刘涛，樊恩源，邢迎春，等．《濒危野生动植物种国际贸易公约》管理下的鲟鱼贸易及其资源保护［J］．江苏农业科学，2012，40（10）：6．

[29] 姜景田．鸭绿江马口鱼人工繁殖及养殖试验［J］．科学养鱼，2009（6）：2．

[30] 许政生，梁文浪．鲮鱼细菌性败血症的防治［J］．水产养殖，2019，40（3）：50-51．

[31] 徐海荣．中国娱乐大典［M］．北京：华夏出版社，2000．

[32] 赵朝阳，姜彦钟，方秀珍，等．鳑鲏的生物学特性及观赏价值［J］．生物学通报，2010，45（4）：7-9．

[33] 李哲．钓鲃鱼的技巧［J］．钓鱼，2006（19）：1．

[34] 董泽宏．《食疗本草》白话评析 动物、水产篇［M］．北京：人民军医出版社，2015．

［35］姚海扬，彭波．鱼类药用与美食制作［M］．北京：金盾出版社，2013．

［36］春湖养生研究所．中国药膳大辞典［M］．大连：大连出版社，2002．

［37］老鬼钓鱼学校教练团．各种水域垂钓鲢鳙经典配方［J］．钓鱼，2009（18）：62-62．

［38］李红岗．泥鳅健康高效养殖关键技术［M］．郑州：中原农民出版社，2015．

［39］戴频．鲻鱼与梭鱼的区别［J］．钓鱼，2007（4）：46-46．

［40］石琼，范明君，张勇．中国经济鱼类志［M］．武汉：华中科技大学出版社，2015．

［41］王云山，石振广，李文龙，等．达氏鳇生物学及人工繁殖技术［J］．内陆水产，2001（11）：25-26．

［42］凌熙和．淡水健康养殖技术手册［M］．北京：中国农业出版社，2001．

［43］石琼，范明君，张勇．中国经济鱼类志［M］．武汉：华中科技大学出版社，2015．

［44］谭生魁．青海湖裸鲤的初步研究［J］．现代农业科技，2008（17）：269-269．

［45］倪勇，伍汉霖．江苏鱼类志［M］．北京：中国农业出版社，2006．

［46］李明锋．黄颡鱼生物学研究进展［J］．现代渔业信息，2010（9）：7．

［47］李军德，黄璐琦，李春义．中国药用动物原色图典 下［M］．福州：福建科学技术出版社，2014．

［48］胡献国．名人与鲥鱼［J］．家庭中医药，2010（1）：73-74．

［49］潘俊，李臻．镇江菜的历史传承与创新［J］．四川旅游学院学报，2019（1）：4．

［50］马良骁．我国刀鲚研究进展［J］．渔业致富指南，2014（22）：2．

［51］赵春来，陈文静，张燕萍，等．刀鲚的生物学特性及资源现状分析［J］．江西水产科技，2007（2）：23-25．